U0178545

中国能源革命与先进技术丛书

李立涅　丛书主编

水能技术发展战略研究

王　超　主编

机 械 工 业 出 版 社

本书介绍了国内外水能技术发展现状，分析了高水头大流量水资源开发利用、小水电、抽水蓄能、鱼类友好、大坝建设全过程实时监控集成系统、大坝服役高精度仿真与健康诊断、极端灾害下大坝风险调控，以及水利水电开发对环境影响分析等技术，提出了水能技术重点领域和关键技术，给出了常规水电发展技术路线图和抽水蓄能发展技术路线图；同时，提出了水电开发过程中需要坚持保护、大力发展生态友好型小水电站和抽水蓄能电站，创新水电移民工作思路，解决水电移民安置问题以及积极、有序地开发藏东南雅鲁藏布江等水能资源，推进高水头大流量水资源开发利用的建议。

本书适合从事可再生能源研究、规划、建设的科技人员阅读，也可供可再生能源相关专业本科生、研究生参考。

图书在版编目（CIP）数据

水能技术发展战略研究/王超主编 . —北京：机械工业出版社，2021. 10
（中国能源革命与先进技术丛书）
ISBN 978-7-111-69342-0

Ⅰ . ①水… Ⅱ . ①王… Ⅲ . ①水能–研究–中国 Ⅳ . ①TK71

中国版本图书馆 CIP 数据核字（2021）第 204133 号

机械工业出版社（北京市百万庄大街 22 号　邮政编码 100037）
策划编辑：汤 枫　　责任编辑：汤 枫
责任校对：张艳霞　　责任印制：常天培
北京铭成印刷有限公司印刷

2021 年 11 月第 1 版・第 1 次印刷
169mm×239mm・12.5 印张・2 插页・240 千字
标准书号：ISBN 978-7-111-69342-0
定价：119.00 元

电话服务　　　　　　　　　　网络服务
客服电话：010-88361066　　机　工　官　网：www.cmpbook.com
　　　　　010-88379833　　机　工　官　博：weibo. com/cmp1952
　　　　　010-68326294　　金　书　网：www. golden-book. com
封底无防伪标均为盗版　　机工教育服务网：www.cmpedu. com

丛书编委会

本书编委会

主　任：王　超　河海大学　　　　　　　　　　　　　中国工程院院士
副主任：郑　源　河海大学　　　　　　　　　　　　　教授
　　　　赵兰浩　河海大学　　　　　　　　　　　　　教授
　　　　周大庆　河海大学　　　　　　　　　　　　　教授
　　　　毛　佳　河海大学　　　　　　　　　　　　　副教授
委　员（排名不分先后）：
　　　　许爱东　南方电网科学研究院有限责任公司　　教授级高级工程师
　　　　侯　俊　河海大学　　　　　　　　　　　　　教授
　　　　葛新峰　河海大学　　　　　　　　　　　　　博士后
　　　　李城易　河海大学　　　　　　　　　　　　　博士
　　　　齐慧君　河海大学　　　　　　　　　　　　　博士
　　　　黄显峰　河海大学　　　　　　　　　　　　　副教授
　　　　杨春霞　河海大学　　　　　　　　　　　　　副教授
　　　　张玉全　河海大学　　　　　　　　　　　　　教授
　　　　王正伟　清华大学热能工程研究所　　　　　　教授
　　　　覃大清　哈尔滨电机厂有限责任公司　　　　　教授级高级工程师
　　　　石清华　东方电气集团东方电机有限公司　　　教授级高级工程师
　　　　张　强　中国水电工程顾问集团有限公司　　　教授级高级工程师
　　　　李仕宏　中国水电工程顾问集团有限公司　　　教授级高级工程师
　　　　王建明　重庆水轮机厂有限责任公司　　　　　教授级高级工程师
　　　　高苏杰　国家电网新源控股有限公司　　　　　教授级高级工程师
　　　　蔡绍馥　中国长江三峡集团有限公司　　　　　教授级高级工程师
　　　　曾镇岭　中国长江三峡集团有限公司发展研究院　教授级高级工程师
　　　　戴　江　中国长江三峡集团有限公司　　　　　教授级高级工程师
　　　　陆　力　中国水利水电科学研究院　　　　　　教授级高级工程师
　　　　戴康俊　水电水利规划设计总院　　　　　　　教授级高级工程师
　　　　罗兴锜　西安理工大学　　　　　　　　　　　教授
　　　　杨建东　武汉大学　　　　　　　　　　　　　教授
　　　　周建中　华中科技大学　　　　　　　　　　　教授
　　　　程永光　武汉大学　　　　　　　　　　　　　教授
　　　　王　欣　埃维柯阀门有限公司　　　　　　　　中国区销售总监
　　　　胡伟明　中国长江三峡集团有限公司　　　　　教授级高级工程师
　　　　戴　江　中国长江三峡集团有限公司　　　　　教授级高级工程师
　　　　沈爱华　中国长江三峡集团有限公司　　　　　教授级高级工程师
　　　　张　强　中国电力建设集团　　　　　　　　　教授级高级工程师
　　　　蒋登云　中国电力建设集团　　　　　　　　　教授级高级工程师
　　　　王　浩　中国水利水电科学研究院　　　　　　中国工程院院士
　　　　贾金生　中国水利水电科学研究院　　　　　　教授级高级工程师
　　　　唐　澍　中国水利水电科学研究院　　　　　　教授级高级工程师
　　　　徐洪泉　中国水利水电科学研究院　　　　　　教授级高级工程师

前　　言

习近平同志在十九大报告中提出："我们要建设的现代化是人与自然和谐共生的现代化，既要创造更多物质财富和精神财富以满足人民日益增长的美好生活需要，也要提供更多优质生态产品以满足人民日益增长的优美生态环境需要。"党的十八大以来，我国在生态文明建设方面已取得了很大进步，但目前我国的环境问题、能源改革问题依然艰巨，亟待以绿色发展引领能源行业变革。水电是技术成熟、运行灵活的清洁低碳可再生能源，水电站具有防洪、供水、航运、灌溉等综合利用功能，经济、社会、生态效益显著。世界各国都把水电发展放在能源建设的优先位置。

目前，全球水电装机容量约 10 亿 kW，年发电量约 4 万亿 kW·h，开发程度为 26%（按发电量计算），欧洲、北美洲水电开发程度分别达 54% 和 39%，南美洲、亚洲和非洲水电开发程度分别为 26%、20% 和 9%，经济发达地区水能资源开发已基本完毕，南美洲、亚洲和非洲水电开发程度普遍较低。我国水电开发程度为 40%（按发电量计算），与发达国家相比仍有较大差距（如瑞士开发程度达到 92%、法国为 88%、意大利为 86%、德国为 74%、日本为 73%、美国为 67%），还有较广阔的发展前景。今后全球水电开发将集中于亚洲、非洲、南美洲等资源开发程度不高、能源需求增长快的发展中国家，预测 2050 年全球水电装机容量将达 20.5 亿 kW。

随着经济社会发展、技术进步和勘察规划工作的不断深入，我国水能资源技术可开发量将进一步增加。我国水力资源富集于雅鲁藏布江、金沙江、雅砻江、大渡河、澜沧江、乌江、长江上游、南盘江红水河、黄河上游、湘西、闽浙赣、东北、黄河北干流，以及怒江、新疆诸河共 15 大水电基地，其总装机容量超过全国的一半。特别是地处西部的金沙江中下游干流总装机规模为 5858 万 kW，长江上游干流为 3320 万 kW，长江上游的支流雅砻江、大渡河以及黄河上游、澜沧江、怒江的装机规模均超过 2000 万 kW，乌江、南盘江红水河的装机规模均超过 1000 万 kW。这些河流水力资源集中，有利于实现流域、梯级、滚动开发，建成大型的水电基地，充分发挥水力资源的规模效益，实施"西电东送"。根据最新统计，我国水能资源可开发装机容量约 6.6 亿 kW，年发电量约 3 万亿 kW·h，按利用 100 年计算，相当于 1000 亿 t 标煤，在能源资源剩余可开采总量中仅次于煤炭，发展潜力巨大。近年来，我国水电行业发展迅速，截至 2019 年年底，我国水电总装机容量达到 3.6 亿 kW（含抽水蓄能电站装机），约占我国发电比例的 1/4，水电开发程度达到 54.5%，形成了规划、设计、施工、装备制造、输交电等全产业链整合能力。我国水能资源总量、投产装机容量和年发电量均居世界首位，与 80 多个国家建立了水电规划、建设和投资的长期合作关系，是推动世界水电发展的主要力量。

随着技术装备水平的显著提高，我国建成了世界最高土石坝——双江口大坝（最大坝高 312 m）、世界最高混凝土拱坝——锦屏一级大坝（最大坝高 305 m），坝工技术迈入世界领先水平。在引进消化国外技术基础上，实现了 100 万 kW 和 70 万 kW 级水轮发电机组国产化，已成功应用于白鹤滩、三峡、龙滩、拉西瓦等水电站，形成了具有国际竞争力的水电设备制造能力，并以打捆招标和技贸结合的方式，引进并掌握了 30 万 kW 级抽水蓄能机组的装备制造技术，已广泛应用于抽水蓄能电站的建设中。

我国流域水电规划全面开展。为适应西部水电开发的需要，开展了大渡河干流以及乌江、金沙江干流部分河段等水电规划修编和调整工作，启动了怒江上游、雅砻江上游、那曲河、通天河、雅鲁藏布江中游和下游等水电规划，继续完善怒江中下游水电规划方案，开展了金沙江虎跳峡河段、长江干流宜宾至重庆河段开发方案论证工作。为适应抽水蓄能电站的发展，以省、区、市为单元，全面启动了抽水蓄能电站选点规划，已完成福建、海南、安徽、广东等省选点规划工作。

随着移民环保工作不断创新，国家修订了移民安置法规，提高了水库淹没补偿标准，完善了后期扶持政策，加大了后期扶持力度，彻底扭转了重工程、轻移民的思想，积极探索先移民、后建设的水电开发新方针，初步形成了多渠道、多途径安置移民的工作思路，开展了对淹没土地实行长期货币补偿的移民安置工作试点，移民工作更加科学合理、规范有序。水电开发环境保护意识全面提升；在流域规划和电站建设中，高度重视河流生态系统维护、保护区协调、珍稀动植物保护等工作，全面开展河流水电规划环境影响评价，加强环境友好型水电技术研究，重点开展了分层取水、过鱼设施、养繁殖等技术的研究和工程应用，已初步形成水电建设环境保护技术标准体系。

此外，国际合作也已经取得了巨大突破。我国水电"走出去"战略取得了积极进展，在继续积极参与国际水电建设的同时，加强了与周边国家资源开发的合作。发挥技术优势积极参与发展中国家水电建设，承担了哥伦比亚、几内亚、塞拉利昂等国家部分流域水电规划，承建了苏丹麦洛维、马来西亚巴贡等大型水电站，投资建设了柬埔寨甘再、印度尼西亚阿萨汉一级、缅甸瑞丽江一级等水电站；坚持互利互惠，加强与周边国家的水电开发合作，建立了缅甸恩梅开江、迈立开江及伊洛瓦底江、丹伦江部分河段的合作开发机制，开工建设了缅甸其培、柬埔寨额勒赛等水电站，水电已成为我国具有国际竞争力的行业之一。

本书的研究内容在于指出我国水能技术的发展方向、研发体系的构建方向，以及近期、中期和远期的技术发展目标，提出我国未来一段时间内水能技术发展的路线图。由于编者水平有限，书中疏漏和不妥之处在所难免，敬请各位读者批评指正。

编　者

目　　录

第1章　水能技术发展现状

1.1　国外技术发展现状

1.1.1　高坝和抗震

大坝是水电站重要建筑物的组成部分。据 2013 年不完全统计数据，国外建成的 200m 以上的高坝已有 41 座。其中，苏联努列克土石坝和英古里双曲拱坝，坝高分别达到 300m 和 271.5m；瑞士大迪克桑斯重力坝坝高 285m。它们是相应不同坝型中已建的较高大坝（见表 1-1），拱坝剖面形态各不相同。不少高拱坝地处强地震区，大坝抗震成为突出问题。

表 1-1　部分国外已建高坝（坝高>240m）

坝　　名	国　　家	坝　　型	坝高/m
努列克	苏联	土石坝	300
大秋克逊	瑞士	重力坝	285
英古里	苏联	双曲拱坝	271.5
瓦依昂	意大利	双曲拱坝	262

（续）

坝 名	国 家	坝 型	坝高/m
奇科森	墨西哥	堆石坝	261
特里	印度	堆石坝	260.5
莫瓦桑	瑞士	双曲拱坝	250.5
瓜维奥	哥伦比亚	土石坝	247
萨扬-舒申斯克	苏联	重力拱坝	245
买加	加拿大	土石坝	242

英古里坝地震烈度为 8 度，最大坝高为 271.5 m，其安全和抗震措施引起人们的关注，该坝采用的主要技术措施分述如下。

（1）配置抗震钢筋

经抗震计算，英古里坝在动力作用时安全系数（大坝破坏的加速度与设计地震动加速度之比）很低，在各种荷载组合情况下为 0.8~1.87。大坝需要配置跨横缝的拱向钢筋和梁向钢筋，组成抗震钢筋网。拱向钢筋在横缝两侧 1.6 m 长范围内加有聚乙烯套管，使它成为自由段。由模型试验证实，配置抗震筋后可提高破坏加速度值 50%以上。如果不配抗震筋，经计算在库水位为 450 m 时，在强震中坝体将会产生水平贯穿缝。最后该坝配置抗震筋 2.2×10⁴ t。每立方米大体积混凝土钢筋用量为 14.4 kg。若包括预制钢筋混凝土在内，每立方米混凝土钢筋用量达到 15.5 kg。

（2）设周边缝和垫座

英古里拱坝和其他一些拱坝设有周边缝和垫座（见图 1-1、表 1-2）。该项技术的优点如下：周边缝对坝体能起隔震或减震作用；可使拱坝中上部的静态压应力加大和均匀化，有利于抵偿该部位较大的地震交变应力；可控制裂缝按规定的模式发展；当河谷形状不规则和地质上存在缺陷时，周边缝可改善边界条件等。但设有周边缝的拱坝在一定程度上会削弱拱坝的整体性，在平缓岸坡情况下则存在着坝体沿缝面上滑的危险，对施工质量要求也严格。

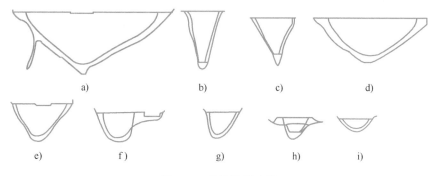

图 1-1   高拱坝周边缝

a) 英古里 b) 瓦依昂 c) 迪兹 d) 胡顿

e) 黑部第四 f) 德基 g) 普拉斯·米兰 h) 诺维洛 i) 柳米意

表 1-2   国外部分高拱坝的周边缝

坝 名	国 家	坝高/m	垫座高/m	拱底厚/m
英古里	苏联	271.5	60	50
瓦依昂	意大利	262	50	
迪兹	伊朗	203	7.8~24	15
胡顿	苏联	200.5	30	
黑部第四	日本	186		38
斯普奇里	意大利	156.5		
普拉斯·米兰	意大利	155	47	42
诺维洛	墨西哥	140	7	35
柳米意	意大利	136		14

（3）缝的减震效应

英古里坝基础有构造断裂，为消除地震时引起相对位移对坝体的影响，利用设置人工缝的减震效应，即在构造断裂上部的垫座上设 2 条横缝和 2 条纵缝，并将垫座高度增至其宽度的 2 倍。经计算和试验证实可消除基础发生 10cm 相对位移对坝体的影响。

（4）材料的动力特性

在考虑地震的作用时，美国将拱坝抗压强度安全系数下降为2.0（正常时安全系数为4.0），对拉应力可不加考虑。日本将动抗压强度比静抗压强度提高30%，但安全系数不降低（正常时安全系数为4.0）。其他一些国家考虑地震时，拱坝强度安全系数常降低10%~25%。英古里坝下游坝面高程343m处，在1983年和1984年夏季水位相应在459m、483m时出现梁向压应力10.4~11.6MPa，超过设计容许值10.0MPa。经研究虽不属地震而属个别特殊情况，也容许提高应力值。

努列克坝为直心墙堆石坝，最大坝高为304m，设计烈度为9度，其采用的主要抗震措施如下：

1）增加坝顶宽度。努列克坝坝顶宽为20m，以防止地震中坝体的鞭鞘效应使坝体上、下游顶部的堆石体出现松动、滚落，甚至浅层滑动。

2）放缓坝坡。上游坝坡为1:2.25；下游坝坡为1:2.2；心墙迎水坡为1:0.25，背水坡为1:0.27。

3）加强坡面保护，提高坝体整体性。上、下游坡面用大块石压重作保护层，保护层厚度上游为20~40m，下游为5~10m。

4）在坝顶一定高程范围内采用加筋结构。在坝顶65m约坝高1/5范围内，上游坝坡855m、876m、894m处各设一层由长条形钢筋混凝土板和倒"T"形钢筋混凝土梁组成的加筋抗震层，在912m高程处设加筋抗震层，并将上下游坝体结合在一起。

5）加强反滤，并采用可靠的放空措施。心墙采用掺砾料。上游侧从坝顶至正常水位之间为双反滤，下部是单反滤，下游侧设双反滤。下游侧第一层、第二层和上游侧单层反滤粒径分别为0.05~10mm、0.05~40mm和0.01~40mm。设置深孔泄洪洞、表孔泄洪洞。

1.1.2　电站厂房优化布置

在窄狭河谷中布置一字型的坝后明厂房常有困难,往往需要采用窑洞式或地下式厂房,从而引起岸坡稳定性和坝肩整体稳定性降低的问题。另一问题是大型水电站的厂房宽度很大,布置在地下时会有很多困难,为此,苏联和挪威等国家进行了优化布置。前者采用双排机组布置,后者采用压力钢管斜向进入厂房布置措施,两者均具有显著经济效益。

（1）双排机组布置

苏联已建成两座双排机组布置的水电站,一座是契尔盖水电站,另一座是托克托古尔水电站。这些电站的厂房长度比常规布置厂房长度压缩了 30% ~ 45%。

（2）压力钢管斜向进入厂房布置

常规布置压力钢管是正交进入厂房,即钢管轴线与厂房机组纵轴夹角为 90°,如结合地下厂房地质情况可将上述夹角改为 60° 左右,便可压缩洞室的宽度。此项技术在挪威普遍采用。例如斯卡奇地下厂房,采用混流式机组,单机容量为 15.4×10^4 kW,洞室宽度仅为 14 m。

1.1.3　洞内消能的泄洪洞

将导流洞改建为永久泄洪洞时,可采用斜井方式或竖井方式。在高水头情况下,洞内流速过大时必须妥善解决消能问题。加拿大买加水电站的斜井泄洪洞在水平洞内建孔塞消能。近年来,各国采用多种形式的竖井泄洪洞,发展了新的消能方式。

（1）斜井泄洪洞

买加水电站泄洪洞是由直径为 13.7 m 的导流洞改建的。在 180 m 水头下，洞内流速高达 52 m/s。为了降低流速，利用突缩突扩原理消能。在洞内建有两级孔塞，水流在两孔塞间的扩大段掺混消能，消能率达 50% 以上，流速可降到 35 m/s 以下。该洞最大泄量为 850 m³/s。

（2）竖井泄洪洞（见图 1-2）

各国采用多种消能形式，代表性工程有：①印度特里水电站左右岸各设 2 条竖井泄洪洞，左岸 2 条洞进口设有闸门，每条洞泄量为 2200 m³/s，右岸 2 条洞进口不设闸门，每条洞泄量为 1900 m³/s。它的井底与出水洞用切线相连，形成水平轴旋流消能并利用离心力增加洞壁压力消除空蚀破坏。②苏联恰尔瓦克水电站采用竖井泄洪洞，半圆形漏斗的进口设有 4 扇宽 14 m、高 5 m 的弧门，采用突缩突扩消能，在离井底高 40 m 处设有挑流坎，竖井断面收缩 60%，后与出水平洞连接，水流由压力状态变为无压状态，最大泄量为 1200 m³/s。③苏联设计的康巴拉金Ⅰ级水电站右岸设有 2 条直径 10 m 的引水泄洪洞，它包括无压连接段、竖井消力塘和泄洪洞出口段。在分岔枢纽后分成 2 条 8 m×8 m 剖面的泄洪洞和 4 条直径 7 m 的发电引水洞。其中 2 条引水泄洪洞泄量为 2630 m³/s，另 2 条泄量为 1480 m³/s。水流由无压连接段从水平向转 90° 进入竖井消力塘。塘底挖深为 10 m，以减少动水荷载并使压力均匀，水流在塘内自由上下浮动消能，消能率为 80%，出口地面设有消力池，最后流速降到 6 m/s。④美国奥瓦西竖井泄洪洞进口为喇叭形堰，设有钢环形阀，井高 47.2 m，采用突缩突扩消能，上段直径为 18.3 m，随后缩小到 6.89 m，底部直角弯道与出水洞相连，泄量为 865 m³/s。⑤意大利迪纳尔尼水电站竖井泄洪洞由引水道、涡室、竖井和出水洞组成，采用非轴对称进水口，引水道宽 7.2 m，高 7.6 m，竖井直径为 6 m，引水道和竖井中轴线之间距离为 7.65 m，水流进入涡室在井顶形成立轴旋流消能，最大泄量为 180 m³/s。

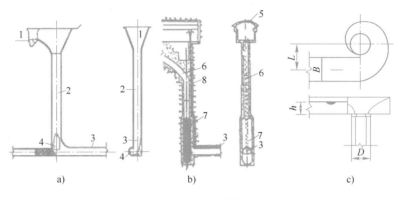

图 1-2　竖井泄洪洞

a）特里洞　b）康巴拉金 I 级洞　c）迪纳尔尼洞

1—进水口　2—竖井　3—出水口　4—过渡区　5—分岔枢纽安装间　6—连接弯道　7—竖井消力塘

8—通气管　B、h—引水道宽和高　D—竖井直径　L—引水道和竖井中轴线之间的距离

1.1.4　预应力混凝土衬砌隧洞

国外已建的预应力混凝土衬砌隧洞分两类：①瑞士、意大利用的预应力钢索混凝土衬砌隧洞，洞径最大为 6.8 m，内水压力最大为 1.4 MPa，混凝土衬砌最大厚度为 0.8 m。其特点是在混凝土衬砌内放有环形钢索，通过特制的千斤顶对钢索进行张拉，使混凝土衬砌产生预应力。钢索由 4～19 根直径为 15 mm 的钢绞线组成，每根钢索破坏荷载为 981～4660 kN。锚头形式有中心应力锚头 Z 型和 ZU 型两种。钢索防锈措施可用水泥灌浆，或采用保护层，在钢索周围涂一层防锈油脂，外面加一个聚乙烯套壳。②苏联、澳大利亚、德国、法国用的素混凝土高压灌浆衬砌隧洞，施加预应力时采用内圈环形衬砌法、空隙灌注法和深孔高压灌浆法，洞径最大为 9.5 m，内水压力最大为 2.65 MPa，混凝土衬砌最大厚度为 0.6 m。其特点是通过高压灌浆对隧洞围岩的裂隙加以填塞和压密，并利用在衬砌与围岩间空隙的高压灌浆挤压，使隧洞衬砌（包括围岩在内）产生预压

应力。孔深和孔距一般为 3 m 左右，最深达到 6 m，间距为 2.5~3 m，灌浆压力为 3~4 MPa，最高达 8 MPa，一般为内压力的 2~3 倍。高压灌浆工艺通常分两个阶段，第一阶段灌浆孔深为 1.5 m，用较小的压力；第二阶段按设计孔深和设计压力进行。灌浆常用群孔进行，使预压应力沿洞周均匀分布（见图 1-3）。

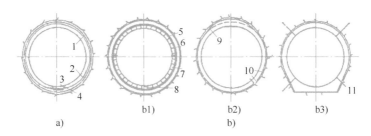

图 1-3　预应力混凝土衬砌隧洞

a）预应力钢索混凝土衬砌隧洞　b）素混凝土高压灌浆衬砌隧洞　b1）内圈环形衬砌法

b2）空隙灌注法 b3）深孔高压灌浆法

1—理论开挖线　2—预应力钢索　3—缺口　4—Z 型锚头　5—外圈　6—预留灌浆环　7—内圈

8—灌浆孔　9—灌浆管　10—环形灌浆管或涂层　11—高压灌浆深孔

1.1.5　碾压混凝土坝预制构件使用及层间浇筑优化和快速筑坝

（1）碾压混凝土坝预制构件使用

大坝建设中大型廊道、电梯井、闸室等细部构件的浇筑对混凝土浇筑面的影响较大，通常会降低浇筑效率。为解决这个问题，日本大坝工程中心从 2001 年开始尝试在浇筑混凝土大坝时使用预制混凝土构件。使用预制混凝土构件可以解决对于特殊技能工种的需求，减少填筑大坝时的负担，缩短建设周期。如在大滝大坝 1675 m 的廊道中使用了 1486 m 的预制廊道，缩短了 1/5 工期；笛吹大坝利用预制方法简化混凝土浇筑流程，缩短了 30 天工期。

（2）碾压混凝土坝层间浇筑优化和快速筑坝

随着科学技术的不断发展，大坝修建中使用碾压混凝土的技术、材料以及施工工艺也得到了不断的发展，人们对于碾压混凝土的性能也有了一定的了解，这使得在进行大坝设计施工的时候，碾压混凝土被大量运用于其中。如果不对碾压混凝土界面采用特殊措施，就会导致层间接合成熟度达到最大化，进而使得层间接合的强度降低，且还会使得层间的渗透性达到最低。如缅甸耶涯大坝通过混凝土原料、拌合输送、大坝建设等环节的密切配合和协调，使碾压混凝土界面保持在最优状态。

1.1.6 大坝检测和老坝修复

（1）水下检测和摄影

法国利用小型潜艇进行此项工作，型号有 Sou-coupe S. P. 350 和 Sous-marin Moana Ⅲ 两种，前者可在水下 350 m 工作，移动速度为 1.5 km/h；后者可在水下 400 m 工作。还制成了水下摄影设备（ASTROS 200），来检测大坝坝面裂缝。该设备自重 130 kg（其主要组成见图 1-4）。工作时可用缆索吊入水下沿坝面任何部位摄影，也可在室内观看电视上的图像。照相系统 EROS 200 的工作范围为 200 mm×200 mm，在 x、y 方向上的精确度为 ±1 mm，z 方向为 ±2 mm，它可提供定位量测资料，也能反映出检测对象在时间上的变化。

（2）老坝的水下修复

美国德沃歇克重力坝坝高 219 m，坝面发生裂缝，最大开度为 1.65 mm。修复方法是将两条长的尼龙加聚乙烯树脂薄片（厚为 0.508 mm，宽为 4.57 m）由潜水员用钢丝绳吊专门的钢架下水放在坝面上，再用冲击枪将它贴上，并以间距为 1.52 m 的盖板（长 1.52 m，宽 1.52 m，厚 3.18 mm）钉上。经修复后裂缝渗水量降到 0.259 m³/s，以后裂缝由钙化自行堵住。西班牙埃尔可塔扎拱坝，坝高134 m，坝面裂缝发生在85 m的深水处，它采用"饱和潜水"法进行水下操作。具体操作如下：潜水员进入高压舱加压到相应水深的压力，然后通过密封舱进入潜水钟罩内，沉入工作地点离开钟罩进行工作。完工时再进入钟罩封闭后上升到水面进入高压舱，在有压情况下食宿等。其延续时间可长达24天，减压时间为3天。其优点是安全，工作时间长，工人一班可工作8 h，而常规方法仅能工作15 min。修复工作分三步进行：

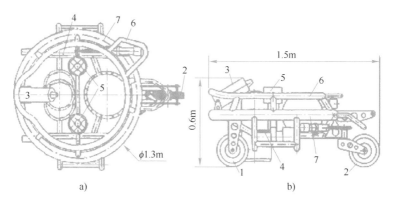

图1-4　水下摄影设备

a) 俯视图　b) 侧视图

1—前方固定轮2个　2—后方旋转轮1个　3—航行照相机　4—水平推力器

5—垂直推力器　6—上部保护架　7—底盘框架

1) 在漏水地点清理坝面。

2) 用填料嵌缝，同时插入空心管或贴上设有几个空心管的钢板，使渗水仍能从管中通过，但减小或消除板和坝面之间的吸水负压，便于填料硬化。

3) 当确认水已不再渗进坝内后，再以5 MPa的压力灌入环氧树脂，使裂缝胶合，并永久堵塞管子。经量测修复效果为A、B、C、D四个漏水点修复前渗水分别为412.5 L/min、207.7 L/min、55.6 L/min和13.6 L/min，修复后分别下降到0.01 L/min、0.24 L/min、1.88 L/min和0.20 L/min。

1.1.7　水力发电机组

在传统水电方面，其研究手段上，数值分析与试验研究并重，大量采用先进测量和流场显示技术，如激光多普勒测速技术（Laser Doppler Velocimetry，LDV）、粒子图像测速技术（Particle Image Velocimetry，PIV）的应用，使内流试验更为精确，在揭示复杂流动机理方面发挥了越来越重要的作用；更加侧重研究高性能水电机组多目标智能优化设计，研究水力机组的空化、空蚀、磨蚀与多相流，以及水电机组的振动、流激振动与稳定性，水电机组运行控制系统和水电机组智能状态监测与故障诊断。

在小水电方面，小水电发展与周围生态环境的友好研究，具体为以美国和欧洲为代表的，鱼类通过水轮机下行过坝损伤机理、鱼友型水轮机设计准则、鱼类过机伤害机理和鱼友型水轮机生物设计准则研究，基于生物设计准则的鱼友水轮机设计理论及关键技术，鱼友型水轮机过鱼模型试验及伤害比尺效应研究，水轮机过机鱼的损伤率和存活率相关因素研究等。

在抽水蓄能电站机组研究方面，研究变速抽水蓄能技术及高水头大容量机组运行稳定性。包括抽水蓄能变速机组在电力系统优化调度技术，抽水蓄能变速机组控制系统、保护系统技术，抽水蓄能变速机组的交流励磁系统控制技术，抽水蓄能变速机组参与电网有功调节技术，变速抽水蓄能与风电、光伏等间歇性电源的协同控制技术以及变速抽水蓄能与分布式电力系统和微电网的协同控制技术。

1.2　国内技术发展现状

1.2.1　大型水电发展

按装机容量的大小，水电站可分为大型、中型和小型水电站。各国一般把装机容量 5000 kW 以下的水电站定为小（型）水电站，5000~10 万 kW 为中型水电站，10 万~100 万 kW 为大型水电站，超过 100 万 kW 的为巨型水电站。

我国规定将水电站分为五等，其中，装机容量大于 75 万 kW 为一等［大（1）型水电站］，75 万~25 万 kW 为二等［大（2）型水电站］，25 万~2.5 万 kW 为三等（中型水电站），2.5 万~0.05 万 kW 为四等［小（1）型水电站］，小于 0.05 万 kW 为五等［小（2）型水电站］，但统计上常将 1.2 万 kW 以下作为小水电站。

大型水电开发大致经历三个阶段。

（1）第一阶段主要是大江大河上大型水电站的建设

以葛洲坝水电站为开始，三峡水电站（见图 1-5）为高潮，在乌东德、白鹤滩水电站建成后将告一段落，我国已在 70 万 kW 级机组研制、300 m 级别高坝设计、超大型地下厂房设计、复杂输水系统过渡过程分析、巨型输水系统结构设计等关键技术和相关科学问题上取得突破。

（2）第二阶段是电力负荷中心附近的大型抽水蓄能电站的建设

以广州、惠州、西龙池抽水蓄能电站为代表，后续有几十座大型抽水蓄能电站将陆续建成，已在 700 m 水头 30 万 kW 级可逆式机组研制、双向过流复杂输水系统布置、地下厂房洞室群三维分析、高压岔管和厂房振动、过渡过程与控制等工程技术和科学问题研究上达到国际先进水平。

图 1-5　三峡水电站

（3）第三阶段是超高水头与低水头电站的建设

前者结合西南地区长距离引水式电站开发，特别是雅鲁藏布江大拐弯电站的规划，后者结合江河中下游径流式电站开发。面临的挑战是在世界上前所未有的。亟需开展超高水头超大容量冲击式机组水电站及大容量高水头贯流式机组水电站的机组、系统、结构、调度、控制方面的关键技术和科学问题研究。这一阶段也是今后大型水电发展重点之一。

1.2.2　小型水电发展

1. 小水电的发展现状

我国具有丰富的小水电资源，据最新全国农村水能资源调查评价成果，我国大陆地区单机装机容量 5 万 kW 及以下的小水电技术可开发量约为 1.28 亿 kW，年发电量为 5350 亿 kW·h。小水电作为农村重要的水利基础设施和公共设施，是重要的清洁可再生能源，在促进农村经济社会发展中发挥了巨大作用，比如实现了农村电气化，改善了农民生产生活条件，促进了节能减排，保障了应急供电，宏观社会效益十分显著。

小水电作为国际公认的清洁可再生能源，是一种重要的分布式能源，适宜在贫困山区农村发展以及分散开发，具有不上网、无坝、结构简单、维护费用低、无生态副作用的优点。截止到 2018 年年底，我国小水电已达 8000 万 kW，占整个水电 1/4 左右。我国的小水电发展也大致经历了三个阶段。

（1）第一阶段（1949 年新中国成立初期到 20 世纪 70 年代）

20 世纪 50 年代小水电发展的特点是以解决生活照明和农副产品加工用电为主，被人们称为"夜明珠"。此阶段电站容量很小，设备简单，多为民间投资兴办。到 1960 年年底，全国共建成小水电站 8975 座，总装机 25.2 万 kW。

20 世纪 60 年代后，小水电发展被正式纳入国家计划。小水电从仅供照明、农副产品加工发展到为照明、加工、排灌及乡镇企业供电，全国有 60 多个水轮机及配套设备的专业生产厂家，年生产能力为 100 万 kW，一些小水电发展较快的县形成以小水电供电为主、电压为 35 kV 的地方电网，小水电站从原来的单站运行、分散供电发展到在地方电网内联网、统一调度。经过 1949 年新中国成立后 30 年的发展，小水电解决了占全国国土面积 1/2 以上地区的供电和照明问题，解决了约 3 亿人口的用电问题。

（2）第二阶段（20 世纪 80—90 年代）

为满足山区农村对电力的需求、加快贫困地区人民脱贫致富，国家决定加速实现农村电气化，并将其提高到农业现代化和国家能源建设两大战略层面上来。

在邓小平同志亲自倡导下，国家采取政策支持、财政补助等措施，鼓励地方政府和农村集体经济组织、当地农民自力更生兴办农村水电，开创了建设中国特色农村电气化的道路。至 1999 年年底，全国农村水电装机容量达到 2348 万 kW，有 653 个县通过开发农村水电实现了农村电气化。

小水电极大地改善了农村、农业基础设施建设和经济结构，已经成为山区水利和经济发展的龙头，形成了"以水发电，以电养电"的发展格局，发展农村水电成为农村经济发展、地方财政增收、农民脱贫致富的重要途径。

（3）第三阶段（进入 21 世纪以后）

进入新世纪以来，党中央、国务院十分重视农村水电在农村经济社会发展中的作用，持续推进水电农村电气化建设，启动小水电代燃料工程建设；同时，国家经济体制、电力体制改革不断深化，社会资本进入农村水电开发领域。截至 2018 年末，全国农村水电发电量达 2345.6 亿 kW·h，农村水电装机容量占全国农村水能资源技术可开发量的 62.8%；农村水电年发电量占农村水能资源技术可开发量的 43.8%。开发率较高的省份主要集中在我国东部、东南沿海和中部地区。

2. 小水电发展要求

我国的小水电发展还存在很多问题，包括安全生产标准低、机组老化、运行效率低、微水头水能资源开发不充分、自动化水平低、水电增效扩容改造任务重等。对此，我国水电发展的"十二五"规划中提出了对小水电发展的要求。

1) 全面总结小水电开发经验，提高建设管理水平，完善电价形成机制，推动小水电持续健康发展。发挥小水电资源丰富、广泛分布于农村地区的特点，重点开发偏远、离网地区小水电，加快解决无电地区用电问题；优化开发中小流域，增加清洁能源电力供应。"十二五"期间，开工小水电 1000 万 kW，新增小水电 1000 万 kW。截止到 2018 年，全国小水电装机规模达到 8000 万 kW，其中西部地区为 3840 万 kW，占全国的 48%；东部地区为 2400 万 kW，占全国的 30%；中部地区为 1760 万 kW，占全国的 22%。

2) 推动老电站改造升级。以新的环境理念和管理要求，做好老旧电站的增效扩容和改造升级。对于建设方案不合理、环境破坏严重的电站要清理拆除；

对机组设备老化陈旧、水能利用率低、安全隐患突出的老电厂进行改造升级，提高效率；对生态环境保护考虑不够但具有继续利用价值的电站，要增加环境保护设施，促进流域生态恢复。根据各流域、各地区开发状况，对小水电开发程度较高地区重点实施增效扩容改造，对环境保护、水土流失问题相对突出的流域重点开展生态修复工作。

3）优化新建电站开发。新建电站要更加重视生态环境保护工作，统筹协调好全流域、干支流开发与保护关系，按照"小流域、大生态"的理念，科学规划梯级布局，合理确定开发方式，慎重选择引水式开发，保障河流基本生态功能。继续支持资源丰富地区因地制宜科学开发小水电。2017—2020年，参与绿色小水电创建的省份从12个增至23个，而且申报电站也从国有电站占绝对多数逐渐转变为国有、民营电站数量相当，同时电站申报和成功创建数量呈现逐年增加的态势。

4）支持无电地区电站建设。加快边远缺电离网地区小水电开发，继续实施水电新农村电气化县建设及小水电代燃料工程，解决好农村用电问题，提升用电水平。"十三五"期间，新增"西电东送"输电能力1.3亿kW，2020年达到2.7亿kW。

1.2.3 我国高坝建设的成就与存在问题

近年，我国水电工程建设取得了举世瞩目的成就，2010年至今我国建成7座260m以上高坝（见表1-3），其中排名第一的是2020年建成的双江口大坝，坝高312m；次之为锦屏一级大坝（见图1-6），坝高305m。这一批高坝工程设计建设和安全运行，标志着我国坝工技术整体上达到了国际先进水平。高坝大库可有效调蓄洪水，利用和保护水资源，为人类带来巨大的利益。

表 1-3　我国 2010 年至今已建高坝（坝高>260 m）

坝　　名	高度/m	类　　型	建成时间
双江口	312	土石坝	2020
锦屏一级	305	混凝土拱坝	2013
两河口	295	混凝土拱坝	2015
小湾	294.5	混凝土拱坝	2010
溪洛渡	285.5	混凝土拱坝	2013
白鹤滩	277	混凝土拱坝	2019
糯扎渡	261.5	心墙堆石坝	2012

图 1-6　锦屏一级拱坝

1. 高坝大库工程的特点

1）我国高坝大库大多位于西部地区，截至 2016 年年底，我国在建、已建坝高 100 m 以上水库 191 座，其中已建水库 172 座，在建水库 19 座；在建、已建库容 10 亿 m³ 以上大库 137 座，其中已建 126 座，在建 11 座。191 座高坝分布于我国 20 个省份。其中，西南地区 100 座，占 52.1%；西北地区 32 座，东北地区 4 座，东部沿海地区 19 座，两湖地区 23 座，等等。20 座 200 m 以上的高坝，有 17 座建在西南地区。137 座大库分布于我国的 26 个省份。其中，西南地区 35 座，西北地区 12 座，东北地区 15 座，东部沿海地区 18 座，两湖地区 20座，等等。从高坝大库的分布情况分析，我国高坝分布相对集中于西南等大山深丘地区，而大库分布则相对分散，这也印证了西南地区高山峡谷多、河流坡降大、水能资源丰富的特点，适宜建设高坝大库；而东南、东北、两湖等浅丘或平原地区水资源丰富、地势相对平缓、河流坡降较小，可以建设库容大但坝高相对较低的大库。

2）我国西部大多为崇山峻岭地区，高坝坝址地形地质条件复杂，不良地基及滑坡崩塌体处理难度大，大坝及电站厂房等水工建筑物布置困难，且存在高陡边坡稳定和地下电站大型洞室群高地应力围岩稳定问题。

3）我国西部地区为强地震区，我国境内的强震绝大多数是震源深度小于 70 km 的浅源地震，其空间分布很不均匀。若以东经 107° 为界，将我国大陆分为东、西两部分，西部 6 级以上强震的年活动速率是东部的 7 倍，明显显示出西部强、东部弱的特征。

4）我国西部地区尤其是西南地区河流径流量较大，高坝大库泄洪流量大，高坝泄流孔和两岸泄洪洞泄洪能量集中，如溪洛渡和白鹤滩水电站坝身最大泄量均已达到 30000 m³/s 的世界级水平，其消能防冲难度大。

5）我国西部地区高坝大库坝址河谷狭窄，覆盖层深厚，施工场地及道路在陡峻岩体劈山凿洞，施工难度大。高坝建设期间，坝址大型洞室群施工和两岸高陡岩石开挖及高坝施工安全风险大。

上述高坝大库工程的特点，成为我国高坝设计施工的难点，对我国水利水电工程建设和科学技术水平的提高是机遇，也是挑战。

2. 高坝大库工程存在的问题

（1）高坝大库工程设计

我国水利水电勘测设计研究院在高坝大库工程设计中，遵照国家颁布的水利水电工程勘测设计规范规程，进行了大量勘测规划设计和科学试验研究工作，并借鉴国内外水利水电工程实践经验，精心设计，设计成果达到了工程设计深度及精度要求，为高坝大库工程安全可靠、技术先进提供了支撑保障。但有的设计院对高坝大库工程投入的力量不足，造成工程勘测设计深度不够，重大技术问题的科学试验研究和设计分析计算深度不够，有的尚未达到国家规定的水利水电工程设计阶段工作深度的要求；有的工程设计采用的水文、地质、地震等资料及参数不准确，设计标准偏低；大坝基础开挖至设计高程，岩体不合要求，造成基岩二次开挖；有的拱座岩体缺陷较多，致使加固处理量增加，严重影响工程进度。

（2）高坝大库工程施工

我国西部地区高坝坝址山洪和滑坡、崩塌、泥石流等地质灾害频繁，严重威胁参加建设的人员生命财产安全，增加工程施工难度。在高坝工程建设过程中，施工企业克服各种困难，保证了工程建设顺利进行。绝大多数施工企业严格执行国家颁布的水利水电工程施工规范和相关施工标准，按设计院提供的设计图和施工技术要求，精心施工，创建了一批优质高坝工程。但也有极少数施工企业的质量管理体系不健全，工程项目施工层层转包，有的承包单位未按设计要求和相关施工规范控制质量，出现施工质量事故。

（3）高坝大库运行管理

我国高坝大库运行设有专门的管理机构，运行管理较规范，水库调度和大坝监测检查及维护检修规章制度较完善。但有的水库管理机构，运行管理机制不健全，有的水库未编制运行规程；有的水库大坝未埋设监测设施或已埋设的监测设施损坏，不能满足安全监测要求；有的水库溢洪道闸门及启闭机年久失修不能正常使用；有的高坝没有设置水库放空设施，尚不具备干地检修条件。

(4) 水库泥沙淤积问题

我国江河泥沙含量较高，尤其是北方多沙河流中修建的水库泥沙淤积较为严重，有的水库大坝未布置排沙设施，水库因泥沙淤积侵占调节库容，导致水库功能降低，部分水库被泥沙淤满而报废。

有些水库运行几年后，泥沙淤积占侵有效库容超过50%，严重影响高坝大库功能的发挥；有的水库失去调节径流功能，使其防洪标准降低，对大坝安全构成隐患，并危及大坝度汛安全。

3. 高坝大库建设及运行安全防范对策

(1) 高坝建设期应把施工安全放在首位

高坝大库多数位于高山峻岭地区、地形地质条件复杂，施工难度大。高坝建设期，各参建单位要把施工安全放在首位，建立健全工程施工安全监管机构，制定坝址高陡、山体滑坡、崩塌、泥石流等地质灾害和山洪预防措施，确保施工区人员生命财产安全。坝址大型洞室群施工相互干扰，进出洞口高陡边坡多；两岸陡峻岩体开挖支护及高坝施工中存在高空垂直交叉作业，安全风险大，各施工单位要制定预案，加强监测，落实各项安全措施，防患于未然，确保施工人员安全。

(2) 设计可靠先进，施工质量优良

工程设计采用的水文、地质、地震等基础资料要准确，勘测深度及范围应满足高坝设计及其水库的要求，库区地质环境和坝址地质问题要查清。高坝设计方案及其重大技术问题应通过设计计算分析和科学试验研究，并借鉴国内外已建类似高坝工程的实践经验，深入进行对比分析优选，精心设计，务必做到高坝设计安全可靠、技术先进，为其安全提供技术支撑，这是保障高坝大库安全的前提条件。水利水电工程施工质量关系到高坝工程的成败，要建立健全水利水电工程质量保证体系，做到每道工序严格监理，精心施工。应用新技术、新工艺、新材料，依靠科技创新提高工程施工质量和金属结构及机电设备制造安装质量，创建优质水利水电工程，为高坝大库运行安全奠定可靠基础。

（3）高坝水库蓄水分段实施，确保高坝运行安全

高坝水库蓄水位抬升大多超过 100 m，蓄水位可分段逐步抬升，适时监测坝体及坝基变形、应力应变、渗流渗压变化情况。将各项监测资料与设计计算成果对比，分析高坝挡水工作性态，评价其安全状态，及时抬升水位。对坝基存在地质缺陷及坝体存在施工质量缺陷，并按设计要求进行补强加固处理的高坝尤为重要，分阶段抬升水位，加强安全监测，以验证设计，弥补人为判断的不确切性，为高坝运行安全提供可靠依据。发现问题，及时处理，防患于未然，做到万无一失。

（4）精心管理，加强监测和维护

高坝大库建成运行后，首先要精心维护，大坝及电站、通航等建筑物自身及基础受运行条件及自然环境等因素影响，随运行时间增长会逐渐老化、劣化，需要经常进行维护；其次要完善高坝大库安全监测系统，安全监测是了解大坝等水工建筑物工作性态的耳目，为评价其安全状况和发现异常迹象提供依据，以便制定水库调度运行方式，研究大坝等建筑物检修加固处理措施，在出现险情时发布警报以预防大坝水库失事破坏，减免其造成的损失，高坝大库布置的安全监测设施应有专班进行观测，并适时更新改造监测设备，完善安全监测系统，实现监测自动化；第三要经常例行检修，高坝大库运行过程中要建立健全定期检查和维护检修制度，对安全监测和巡视检查发现的大坝等建筑物异常状况及缺陷问题，及时进行检修，并采取补强加固处理，消除异常风险。通过精心维护、监测、检修等重要手段，及时消除隐患，以防患于未然，保障高坝大库运行安全。

（5）定期安全检查鉴定是保障高坝大库运行安全的重要支撑

水利部大坝安全管理中心和国家能源局大坝安全监察中心分别对全国水利工程水库大坝和水电工程电站大坝进行安全定期检查和注册工作，对规范我国水利工程水库大坝和水电工程电站大坝安全管理、加强对大坝等水工建筑物运行状况监测和综合评价、检查监控异常部位安全隐患、及时进行加固处理、保障高坝大库运行安全发挥了重要作用。我国水利水电工程投入运行后，对大坝等水工建筑物进行定期（5a）安全检查鉴定，通过大坝等建筑物外观检查和对监测资料的分析，诊断其实际工作性态和安全状况，查明出现异常现象的原因，对其重点部位及施工缺陷部位进行系统排查，摸清影响大坝水库安全的主要问题，制定维护检修和处险加固处理方案，为控制水库运行调度提供依据；通过对水库合理控制运用，在保证高坝大库安全的前提下进行大坝补强加固处理，使其缺陷得到修复，消除异常及病害隐患，从而提高大坝的耐久性，延长大坝水库使用年限，为保障其运行安全提供重要支撑。我国已成为当今世界建设大坝水库数量最多、各种坝型高度最高的国家。高坝大库建设及运行安全直接关系到人民生命财产安全和国家经济社会可持续发展，已成为社会各界关注的热点问题。水利水电工程项目业主、设计、施工、监理和运行单位要本着对国家负责、对历史负责、对工程负责的精神，精心组织、精心设计、精心施工、严格监理，依靠科技创新，做到高坝设计可靠，确保高坝工程质量，高标准严要求建设优质高坝工程。各级主管部门及高坝大库运行管理部门要认真贯彻执行国务院颁布的《水库大坝安全管理条例》等水利水电工程法规，强化高坝大库安全管理，对高坝大库运行状况适时监控，发现病害及潜在隐患并及时处理，消除病害隐患，加强高坝大库运行安全风险分析工作，提高对其安全风险预防和控制能力，确保高坝大库建设及运行安全。

1.2.4　水轮发电机组

随着世界化石能源开发的枯竭，人们将眼光投向了水能的开发，与此同时带动了水力机械的发展更趋向于提高单机容量、比转速和应用水头，从而使水轮机进入了一个多品种、大容量的时代。

水轮机应用水头向着较宽的范围发展，以适应不同形式存在的水能开发，从水头 2 m 到水头 1000~2000 m，都有相应的品种。繁多品种的水轮机大体可归纳为反击式和冲击式两大类。在反击式水轮机中根据水流在转轮区域流动方向不同，又分为混流式、轴流式、斜流式和贯流式以及可逆式水泵水轮机，分别适用于不同水头和流量。而每种类型的水轮机又有很多品种，如贯流式水轮机，它又包括灯泡贯流、全贯流、轴伸贯流、虹吸贯流、潮汐双向贯流等，总共有百种之多。

能量特性、气蚀特性的不断优化，使比转速又有较大提高。水轮机要同时具有良好的能量特性和空化特性以及高的比转速显然是不可能的，这三个指标是矛盾的统一体。因此现代水轮机从设计方法、制造工艺、材料性能等多方面进行了深入研究，寻得了合理解决的方法。随着计算机的广泛使用，现代水轮机水力设计有了很大的发展，水力性能得到了改善，效率最高可达到 95% 左右，同时提高了运行稳定性。20 世纪 80 年代以来计算机技术和流体力学理论的不断完善，水轮机过流部件内部水流动力分析取得重大进展，结合传统的经验设计与模型试验方法遴选设计方案的设计经验，逐步形成了一套完整的现代水轮机水力设计方法。这种方法对设计方案进行数据性能预估、优化设计方案、减少模型试验的时间和费用，为获取最佳水力模型提供了有力工具。在水轮机叶型设计方面取得了优秀成果，即 X 型叶片。早在 20 世纪 30 年代，KB 公司就有人提出设计一种叶片上冠进水边前倾和出水边向后扭曲的叶片。这种叶片最大的优点是能控制叶片背面压力分布不均的情况以解决叶片背面的空蚀问题，同时可减少尾水管中心涡带以改善尾水管内的压力脉动。从 20 世纪 60 年代初期开始，KB 公司在许多电站应用的高水头混流式水轮机上都采用了 X 型叶片。

在制造材料和制造工艺上，现代水轮机也有了长足的发展。从铸铁、铸钢到不锈钢，材料的优选一方面改进了强度，另一方面又改善了抗空蚀的能力，并为了减轻泥沙磨损，采用陶瓷涂层新技术。为了提高水轮机转轮叶片的材质和型线的一致性，减轻铲磨劳动强度采用模压叶片新技术。叶片模压后，上冠、下环焊接坡口，进、出水边及正、背面还采用数控加工等工艺。除此之外，在转轮焊接和热处理技术及叶片几何型线测量技术以及微焊成型等一系列技术上都有所突破。所有这些都有力地保障了水轮机性能的提高。

总体而言，水轮发电机组的基本理论逐渐完善，试验和数值计算手段也有很大进步。水力机械与复杂管道系统进一步融合，以及向其他研究领域渗透和交叉。同时也存在的一些问题，包括巨型水轮机及其系统的稳定性问题未得到很好的解决，相关基础理论研究落后于工程需求，振动和稳定性问题在大型机组中屡见不鲜。这些问题成为制约我国大型水电装备技术的瓶颈。

1.2.5　调度管理

我国已建成各类水库 9 万余座，长距离调水工程众多，水利工程多目标、多利益主体综合调度及流域水资源一体化管理缺乏有效的理论与技术支撑。但是在单座电站优化调度、梯级电站联合优化调度运行和跨流域水库群的调度管理方面，水资源利用效率与效益未能得到充分发挥。

1.2.6　环境影响

水利工程改变了河流的自然状态，水文节律与泥沙通量变化显著；改变了河流的连通性,江湖关系变化的问题凸显。存在的主要问题包括,水电工程改变了生态环境,对水生动物及农业等产生不利影响,水库蓄水后,可能引发地质灾害,河道泥沙变化对航运及下游堤防产生不利影响。

河流的生态系统包括河源,河源至大海之间的河道、河岸地区,河道、河岸和洪泛区中有关的地下水、湿地、河口以及其他淡水流入的近岸环境。大坝对流域生态系统环境的影响主要体现在河流非生态变量及生态变量变化两个方面。非生态变量是指流域水文、水量、水情、泥沙、水质、地貌、河道形态、下层地层构造、区域气候等流域特征。生态变量是指初级生产量及高级营养级。二者的变化是相互联系、相互作用的。这种变化,依据影响深度可分为 3 个等级,如图 1-7 所示。大坝建设对河流生态系统的作用首先是从对非生态变量(如流域水文、水量、水情、泥沙、水质等)的影响开始的。第 1 级影响所产生的变化又与第 2 级影响,即对流域地形地貌和初级生产量的影响有关。进而,会在更高的生物营养级上发生变化(即第 3 级影响)。这种相互作用过程的复杂性,从第 1 级到第 3 级,是逐步增加的。

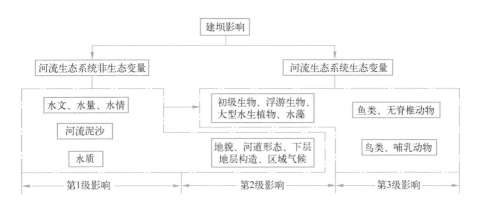

图 1-7 大坝对河流生态系统的影响分级

1. 对河流生态系统非生态变量的影响

(1) 对河流系统水文情势的影响

在河流上建坝就是人为地控制河流的流量变化模式。筑坝的河流，就像自来水管中的水流，受闸坝的控制而改变了自然的季节流量模式。这种水文变化主要表现在河流流量、入湖入海水量、河流水位、地下水水位变化等方面。

1) 河流流量、水位的变化。闸坝可以改变自然流量变化模式，对洪水具有蓄泄自如的能力。通过闸坝、水库对河流流量的合理调蓄，并联合运用下游河道工程，可以减少河流的洪峰流量，防洪除涝。大坝拦蓄水量可使季节性河流变为常年河流，从而有更稳定充足的水量灌溉耕地，提高粮食产量。同时，河流洪峰流量减小也会导致入湖和入海水量减少，下游水域面积缩小。水电站利用水的势能发电使得河流水位不仅仅因流域降水量变化而改变，还将因电力需求量等因素的变化而改变。为了满足水力发电高峰需要而从水库释放的水，有时会使河流水位变动数米。此时，下游河水流动模式主要取决于水的释放量与电力需求量之间的关系。

2) 地下水水位的变化。流域内的地表水与地下水有着密切的水力联系，河流水文条件的改变也会影响到地下水的水位、水质等。坝址上游水库蓄水使其周围地下水水位抬高，从而扩大了水库浸没范围，导致土地的盐碱化和沼泽化。同时，拦河筑坝也减少了坝库下游地区地下水的补给来源，致使地下水水位下降，大片原有地下水自流灌区失去自流条件，从而降低了下游地区的水资源利用率，对灌溉造成不利影响。

(2) 对河流系统形态、地貌的影响

1) 河流形态的变化。江河流经地区的土壤和岩石被侵蚀、搬运，其中部分泥沙在坝前沉积下来，形成回水三角洲，使水库库容大大减小。坝库下泄的河水剥蚀下游河床与河岸，使靠近坝址下游的河道萎缩、变深变窄，也使由沙洲、河滩和多重河流交织在一起的蜿蜒河流变成相对笔直的单一河流。被冲刷物质在更下游的地方沉积,使得该段河道的河床逐渐升高。

2)三角洲及海岸线的变化。三角洲是由成百上千年的河流沉积物积累,并在沉积物压实与海洋侵蚀的相互作用下形成的。大坝对沉积物的拦截作用深深地影响着三角洲和滨海地区。沉积物的减少会使滨海地区受到严重侵蚀,而这种影响将从河口沿海岸线延伸到很远的地方。

(3)对河流系统水质的影响

河流因建坝而经历的化学、物理和生物变化会极大地改变原有水质状况,主要表现为水库水体盐度增高、水库水温分层、库中藻类繁殖加剧等。

1)盐度的变化。大坝拦水以后会形成面积广阔的水库,与天然河道相比,大大增加了曝晒于太阳下的水面面积。在干旱地区炎热气候条件下,库水的大量蒸发会导致水体盐度的上升。此外,坝址上游土地盐渍化会影响地下水的盐度,通过地下水与河的水力交换,又会影响河流水体的盐度。

2)酸度的变化。坝址上游被水库淹没的植被,会消耗水中的溶解氧,释放出大量的温室气体和二氧化碳,从而会增加水体的酸度,加速湖床中矿物质(如锰和铁)的溶解。

3)温度的变化。通常,从水库深处泄出的水,夏天比河水水温低,冬天比河水水温高;而从水库顶部附近出口放出的水,全年都比河水水温高。

4)藻类的变化。大坝在截留沉积物的同时也截留了营养物质,这些营养物质使得水库水体更易发生富营养化现象。在气温较高时,藻类可能会在营养丰富的水库中过度繁殖,使水体散发出难闻的气味。

2. 对河流系统生态变量的影响

河流系统受大坝的影响,非生态变量发生变化,进而会影响河流生态环境。

（1）建坝对河流生态环境的影响

大坝建设为发展水产养殖提供了较好的条件，使得许多水库已成为水产供应基地。然而，水库在繁荣水产养殖业的同时，也淹没了大片土地，阻碍了河谷生命网络间的联系，影响了野生动植物原有生存、繁衍的生态环境。原有的沙洲、河滩和蜿蜒河道等交织在一起的河流系统变成相对笔直的单一河道，这大大减少了原有河道所能养育的动植物种类，降低了生物多样性。

1）栖息及繁衍环境的变化。大坝毁坏了部分陆生植物的栖息地，使依赖于这些陆生植物生存的生物资源发生了变化。大坝还阻隔了洄游性鱼类的洄游通道，影响了物种交流，改变了水库下游河段水生动植物及其栖息环境等。河流水位随电力需求量变化的模式会对水生态环境造成一些不良后果，例如河流水位的急剧变化会加速对下游河谷的侵蚀，交替地暴露和淹没鱼群在浅水中有利的休息场所，妨碍鱼群产卵等。此外，河水水温的变化会改变水生生物的生存环境及生命周期，因为幼虫的繁殖、孵化和蜕变经常取决于温度的变化。

2）生物数量及种类的变化。大坝削弱了洪峰，调节了水温，降低了下游河水的稀释作用，使得浮游生物数量大为增加，微型无脊椎动物的分布特征和数量（通常是种类减少）显著改变。大坝减少了洪水淹没和基层冲蚀，增加了富营养化细沙泥的沉积，使得大型水生植物能够生长繁殖。由于大量鹅卵石和砂石被大坝拦截，使得河床底部的无脊椎动物如昆虫、软体动物和贝壳类动物等失去了生存环境。

（2）建坝对洪泛区环境的影响

洪泛是河流与洪泛区的天然属性，洪水在区域水资源的可持续利用和河流与洪泛区景观与功能的维系上起着重要作用。坝的建设改变了河流的洪泛特性，对洪泛区环境的不利影响主要表现在洪泛区湿地景观减少、生物多样性减损、生态功能退化等方面。

1）湿地景观减少。由于修堤筑坝等水利工程控制措施改变了洪泛区湿地的水文情势和水循环方式，导致洪泛区湿地生态环境功能退化。在水利设施阻隔江湖联系和围垦的叠加影响下，从 20 世纪 50 年代至今，长江中下游洪泛区湿地已丧失 8200 km²。大规模洪泛区湿地景观的丧失带来了巨大的负面效应，长江流域湖泊湿地对河川径流的调蓄作用大大降低。

2）湿地生物多样性减损。洪泛区动物栖息地环境的改变和河道通路的阻断会使鸟类和哺乳动物的数量发生变化。伴随洪泛区湿地景观的丧失，越来越多的生物物种因其生存和生活空间的丧失而面临濒危或灭绝，繁殖能力下降，种群数量和质量减少和退化。

3）湿地及所在区域生态功能退化。洪泛区湿地生态环境系统结构和功能的维系与加强主要受制于洪泛区的相对变化性和不稳定性的水文水动力条件。大坝改变了水文水动力条件，使洪泛区湿地生态环境系统遭到破坏，从而导致了区域生态环境的退化。

1.2.7　大坝环境影响评估

从规划、项目建设等阶段分析大坝建设对生态环境的影响。从三个层次开展研究工作：①开展我国大坝建设与生态环境影响系统调查；②通过案例分析大坝建设对生态环境的敏感问题；③提出生态友好的大坝建设与运行的生态准则。具体研究内容如下：

（1）建立我国大坝建设与生态环境影响案例库

在系统调查的情况下，选择代表性的大坝，综合考虑大坝规模、开发目的、运行方式、河流生态环境特征等因素，分析不同参数组合对河流的生态功能与结构的影响，建立大坝环境影响案例库。

（2）大坝建设对生态环境影响回顾评价研究

选择典型案例，系统分析大坝建设对生态环境的影响，针对目前关心的热点科学问题，从规划、工程建设层次重点分析回顾流域水电站梯级开发规划、水库（电站）建设对生态环境的正负面影响，系统研究典型流域大坝建设开发对流域生态环境的累积影响；以及对已采取的生态减免措施的有效性进行评估。对流域开发规划的生态环境合理性进行回顾及分析研究。

（3）大坝建设水文情势变化对生态环境影响回顾评价研究

通过对大坝建设前后的系列水文资料的对比，概括重要的生态水文学指标的变化，结合指示性生物的种群变化，分析生态环境变化对于生物生长史、种群与数量的变化的影响；或者通过系列遥感数据对比，分析生态环境的变化。

（4）生态友好的大坝建设的生态准则研究

在回顾研究基础上，结合国内外的研究成果，确立大坝建设与水库运行的基本生态准则，包括最小下泄生态流量确定的理论与方法、建立河流适应性生态恢复的生态水文调度，以及基于生态水文与工程调度相结合的新型水库调度准则等。

第2章　水能技术的发展目标和发展方向

2.1　水能技术发展目标

　　未来 30 余年，我国将深入推进水电"西电东送"战略，重点推进长江上游、金沙江、雅砻江、大渡河、澜沧江、黄河上游、南盘江、红水河、怒江和雅鲁藏布江等大型水电基地建设，通过加强北部、中部、南部输电通道建设，不断扩大水电"西电东送"规模，完善"西电东送"格局，强化通道互连，实现资源更大范围的优化配置。北部通道主要依托黄河上游水电，将西北电力输送华北地区；中部通道主要将长江上游、金沙江下游、雅砻江和大渡河等水电基地的电力送往华东和华中地区；南部通道主要将金沙江中游、澜沧江、红水河、乌江和怒江等水电基地的电力送往两广地区。同时，根据南北区域能源资源分布特点和电力负荷特性，跨流域互济通道建设取得重大进展。

　　根据全国水电电源规划及"西电东送"规划研究成果分析，2020 年，全国水电"西电东送"总容量为 11792 万 kW。从 2020 年开始，水电开发的主战场逐渐向金沙江、澜沧江和怒江上游转移，从而启动具有战略意义的"藏电外送"工程。

西藏自治区河流众多，水力资源丰富。根据全国水力资源复查成果，西藏自治区水力资源理论蕴藏量平均功率为 20136 万 kW，技术可开发装机容量为 11000 万 kW、年发电量为 5760 亿 kW·h。全区水力资源理论蕴藏量占全国的 29%，居全国首位，技术可开发量占全国的 20.3%，仅次于四川省，居全国第二位。随着水电前期工作的加深和形势的发展，西藏自治区水电开发完全有可能成为 2020 年后我国水电建设的主战场。

西藏自治区内水力资源分布较为集中，按区域划分，绝大部分分布在藏南的雅鲁藏布江干流曲松—米林河段（约 500 万 kW）、干流大拐弯（约 4800 万 kW）、支流帕隆藏布（约 700 万 kW）和藏东的怒江干流上游河段（1422 万 kW）、澜沧江干流上游河段（636 万 kW）、金沙江干流上游河段（1666 万 kW），其中川藏界河段 948 万 kW，属西藏自治区的若按界河的 1/2 计为 474 万 kW。藏东三江顺河而下，至云南省和四川省距离较近，高程较低，随着三江水电开发向上游推进，藏东水力资源接续开发较为现实。藏南雅鲁藏布江的开发难度相对大一些，特别是墨脱水电站（3800 万 kW），水头达 2000 多 m，要科学地做好规划，依靠水电工程和输电工程的技术创新，以及通过国际合作拓展输电走廊或电力市场等，使我国这一水电富矿得以早日开发利用。

2.2　水能技术发展方向

2.2.1　高水头大流量水资源开发利用

以雅鲁藏布江为代表的高水头、大流量水资源开发，水能资源十分丰富，同时开发技术难度大。雅鲁藏布江水电资源理论蕴藏量的 70% 集中在干流，干流上水电资源最富集的区段是大拐弯（见图 2-1）这一段。有许多专家工程师提出在尼洋曲注入雅鲁藏布江附近一个叫"派镇"的地方筑坝并做进水口，在江南岸的喜马拉雅山中开凿长约 40 km 的隧道，在墨脱背崩至更仁这一段河道的右岸建厂房，水位落差约达 2200 m，多年平均径流量约 1900 m^3/s，水电站装机容量可达 4000 万~4500 万 kW，这将是世界上最大的水电站。

图 2-1　雅鲁藏布江大拐弯

1. 雅鲁藏布江水电开发面临的挑战

雅鲁藏布江大峡谷是世界上最深的峡谷，雅鲁藏布江自峡谷海拔最高处（非入口处）开始在南迦巴瓦峰山间绕行。其中，雅鲁藏布江大峡谷蕴藏了丰富的水力资源，大峡谷围绕着南迦巴瓦峰拐了个马蹄形大拐弯，大拐弯入口海拔约 2900 m 的派镇至海拔 680 m 墨脱背崩河段长度约 250 km，落差约达 2200 m。雅鲁藏布江大峡谷河段，河水平均流量达 4425 m^3/s，可兴建装机容量达 5000 万 kW 的巨型水电站，年发电量可以超过 3000 亿 kW·h，完全可以满足中国西部经济发展的需求。发电得到的收入还可用于修建藏水入疆工程贷款资金，提升西藏经济收入，以后西藏财政不但不需要中央和其他地方政府补贴，还可以用于西藏的投资和建设，造福西藏人民。

2. 巨型冲击式水轮机组研发

雅鲁藏布江的水资源具有高水头、大流量的特点，适合采用巨型冲击式水轮机组。开发巨型冲击式水轮机组还存在很多技术难题，主要包括：异形、大尺寸、高水压、高应力工作状态下配水环管变形与疲劳；超高水头水轮机转轮主要参数选择；高压力、高流速工作状态下喷嘴结构参数的选择；高强度冲击条件下转轮水斗强度；更高级别冲击式水轮发电机组产品研发；高速泥沙对过流部件冲击。

（1）设计与运行

1）设计选择。疲劳问题决定着机组的寿命，是冲击式水轮机设计中面临的一个重要问题。设计上一般应保证机组使用寿命大于20a，检修间隔不少于1a。高水头电站的立轴冲击式水轮机设计时，要在考虑高压引水管道布置形式的基础上来决定机组的布置形式。近年来，空气式缓冲调压室、隧洞式排水斜面及综合竖井系统已在引水管道中被普遍采用，为机组布置形式的选择提供了更为广泛的空间。

对于地下式电站，为减少电站建设时土石方挖掘的工作量，在机组形式的选择上通常采用立式多喷嘴水轮机。这时在决定水轮机喷嘴数目时要综合考虑以下4个方面的问题：①水轮机效率；②水轮机抗空蚀性能；③转轮的寿命和疲劳问题；④机组价格和运行后维护保养等方面的问题。

2）效率与空蚀。对于冲击式水轮机，从模型试验到真机的效率换算，目前还没有统一的效率换算公式。这是因为即使比转速相同，不同的设计水头其效率修正值也是不相同的。这就需要针对具体项目的设计条件，采用雷诺定律、傅汝德定律或韦伯定律为基础提出具体的效率修正公式。一般不做效率修正。

　　冲击式水轮机效率的重要影响因素之一是水斗射流入口处的形状。对于多喷嘴冲击式水轮机，水斗射流入口向上弯曲，这样增加入口直径可得到较高的效率和出力，并可减少水斗入口处的无效泄水量；但与此同时，水斗背面的空蚀和交变应力的幅值均相应增加，这会给转轮使用寿命带来不利的影响。因而设计上在追求高效率的同时必须兼顾转轮的使用期限，以寻求一种最佳的解决方案。

　　冲击式水轮机水斗出流处的形状与其抗空蚀性能和效率也有极大的关系。如果水斗出流处和射流之间的夹角过大，就会使转轮的抗空蚀能力下降。设计上在考虑该夹角的允许值时，应以水斗射流入口边缘与分水器中心间的夹角为重要参考，并应考虑到该值随着设计水头的增加而减少。

　　冲击式水轮机转轮水斗的形状是以设计水头为依据进行设计的，当运行水头偏离设计水头较大时将增加空蚀的可能性，同时水轮机的效率也将明显降低。

　　冲击式水轮机的效率还受转轮直径与水斗宽之比（D/B）的影响，并随该比值（D/B）的减少而增加。通过对冲击式水轮机水斗流态的分析可知，D/B比值的减少使水斗入流和出流条件得到改善，从而使效率得以提高。

　　出力及转速确定后，提高效率的另一有效措施是增加喷嘴数目（见图 2-2），这是由于喷嘴数目的增加使得机组的摩擦损失相对减少。由实践经验可知，对于高比转速转轮（$D/B<3.5$），当喷嘴数目增加至 6 个时磨阻损失效率一般不超过 0.5%。但伴随喷嘴数目的增加，引水管道中弯头和双叉管的数量也相应增加。如果设计不好，射流中产生旋转水流也会导致效率的间接损失。为了在使水流加速的同时获得无旋涡的射流，在设计上要适当控制分水器中的流速，对于大型冲击式水轮机，应增加引水管入口速度以减少分水器盘的厚度。在采取上述措施的基础上，还必须仔细设计弯头和双叉管以尽量减少水力损失。

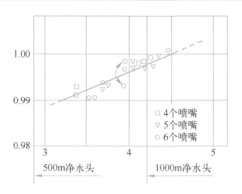

图 2-2   *D/B* 值对多喷嘴水轮机的影响

3）泥沙磨损。除了空蚀和疲劳问题之外，磨损也是高水头冲击式水轮机设计中应重视的问题。设计中在考虑磨损影响时，应注意以下 3 点：①沙粒的加速度受水斗曲率半径的影响，对于中型水斗高水头水轮机沙粒的加速度可高达 $50000\,\mathrm{m/s^2}$；②接触水斗的沙量与水斗的体积和射流的大小成反比；③转轮的整体泥沙磨损量与喷嘴数目成正比。

根据上述经验，对于工作在含沙量较大的水中的冲击式水轮机，在转速恒定的条件下，水轮机的相对使用寿命与其喷嘴数目大致成正比函数关系，而射流的体积与喷嘴数目大致成反比函数关系。这样，转轮的使用寿命就因喷嘴数目不同而有所差别。在相同转速下，4 喷嘴与 6 喷嘴的水轮机转轮的使用寿命之差别可以用两者的喷嘴数目之比来近似表示。但泥沙磨损对喷嘴和阀针的作用大小只与水斗曲率半径大致成正比函数关系。

这样在设计时，如果预料到有泥沙存在，就应该选择喷嘴数目最少而单位射流量较大的水轮机。

4）疲劳问题。冲击式水轮机的疲劳问题，是其能否在使用寿命期间正常运行的关键。关于疲劳问题，可以用断裂力学理论进行定量分析，因疲劳寿命与交变应力幅值和转轮材料中允许存在的缺陷尺度在工程上成一定的函数关系。

可以采用有限元法分析和应变测量的方法来确定转轮的最大应力。设计上对于工作在高于 1000 m 水头段的冲击式水轮机转轮，其最大允许应力幅值一般不得超过 45 MPa。设计阶段可以通过有限元分析来确定可以预见的最大应力值，并在真机上采用应变片测量法进行验证。关于转轮材料中允许存在的缺陷尺寸，如果制造标准要求表面缺陷尺寸小于或等于 2 mm×2 mm，则需要在技术条件完备并且质量控制严格的制造厂家才能得以实现。

（2）发展方向

1）异形、大尺寸、高水压、高应力工作状态下配水环管变形与疲劳。通过应力与流场分析，进行配水环管结构改进；选用高性能材料并对其焊接结构、焊接工艺和水压试验进行研究。

2）超高水头水轮机转轮主要参数选择。主要参数包括 D_1（转轮节圆直径）、d_0（射流直径）、m（转轮特征值）、Z_1（水斗数）、水斗安放角等。

主要方法：归纳总结公司几十年研制高水头冲击式水轮机的经验和教训进行逐渐修正，通过计算流体动力学（Computational Fluid Dynamics，CFD）流场分析和有限元力学分析，通过转轮模型试验验证等。

3）高压力、高流速工作状态下喷嘴结构。主要参数有喷嘴口径和流道参数。

主要方法：通过 CFD 流场分析，结合对高强度材料性能的研究、高强度材料焊接结构研究和焊接工艺研究成果进行综合优化。

4）高强度冲击条件下转轮水斗强度。

主要方法：通过有限元法进行应力分析，在保证水力性能前提下，改变水斗高应力区形状和切水口形状；采用整体锻造及高位焊胚件整体数控加工，提高转轮材料性能以及能量转换能力。

5）研制更高级别冲击式水轮发电机组。

主要目标：机组水头达到 1000 m 左右、机组容量达到 500 MW 左右。

主要准备工作：转轮模型水力设计及试验技术研究、机组刚强度及稳定性技术研究、转轮耐疲劳性能研究、转轮整体锻造及高位焊水斗数控加工和测量技术、多喷嘴协联控制及最优模态研究等。

2.2.2　小水电技术发展

1. 小水电分类与要求

（1）小水电分类

国际上小水电分类如下：

小水电（small hydro）<10 MW，我国<1.2 万 kW；

小小水电（mini-hydro）<2 MW；

微型水电（micro-hydro）<500 kW；

微微水电（pico-hydro）<10 kW。

（2）小水电发电系统的要求

标准化；成套化，包含水轮机、变速器、发电机、蓄电池、用电设备；模块化；价格低廉；设备简单；寿命长；便于维护；可利用现有水工建筑；无须建大坝；适应不同流量；泥沙和污染物清除方便；不影响水生生物。

2. 小水电开发与利用技术发展方向

目前小水电普遍存在安全生产标准低、机组老化、运行效率低、微水头水能资源开发不充分、自动化水平低、对周围生态环境产生不利影响等问题。因此，小水电技术发展方向有以下几个方面。

（1）微水头水能资源开发与利用

微水头（水头在 2.5 m 及以下）水能资源在我国是极其丰富的，最保守估计都有千万 kW 数量级的资源可供开发。然而小水电由于没有拦河坝或水库，流量调节能力差，受季节性降雨及灌溉争水等影响，来水情况不稳定，日发电量波动较大。

（2）需突破的关键技术

水力优化设计，提高机组效率；降低单位千瓦投资；通过整装机组提高使用寿命；小水电与周围生态环境友好。

（3）环境生态影响控制

与当地环境相适应的小水电开发，做到综合利用，小水电成为当地旅游亮点。典型小水电所用水轮机有以下几种：

1）阿基米德螺旋叶片水轮机（见图 2-3）。其提供了一种应用于水力发电等领域的阿基米德螺旋转轮。包括进水口和出水口，位于转轮内的叶片，其特征是相邻叶片间的流道为阿基米德螺旋流道，流道中沿流道方向有一条在转轮横截面上的投影为阿基米德螺旋线的线。该阿基米德螺旋转轮还可用于水力发电，船舶、军舰、潜艇上，实现高效、节水、平稳运行，把水流的能量转换为旋转机械能并带动发电机发电。

图 2-3　阿基米德螺旋叶片水轮机

2）水动力水轮机（见图 2-4）。海洋、江河及渠道里蕴含着丰富的水流动能，能量密度相对于风能要高 4 倍左右，开发潜力极大。水动力水轮发电机组可将水动能转化成电能，并能进行阵列布置，形成"水下风电场"，获得可观的电能产量。

图 2-4　水动力水轮机

3）虹吸式水轮机（见图 2-5）。虹吸式进水是利用虹吸原理，将上游压力前池的水流引入压力水管的一种特殊形式的进水。当机组发生故障过速或检修需切断压力水管水流时，只需将空气送入引水管驼峰段破坏压力水管真空，便能迅速、彻底切断水流，使过速机组能在很短的时间内减速与停止转动，防止机组飞车和便于机组检修，运用方便可靠，具有一般闸门进水无可比拟的控流功能。

图 2-5　虹吸式水轮机

4）渠道水轮机（见图 2-6）。渠道水轮机是一种利用大型灌溉渠安装水轮机发电的新技术，其工艺过程包括：通过水库闸门把水放入大型灌溉渠，在渠中安装水轮机，水轮机上安装增速器，把转速提高到 2000 r/min 左右，再连接发电机，渠中每 30~50 m 距离安装一台，然后把发的电输入电网，它比风力发电、太阳能发电投资小，稳定，功率大，有巨大的节能减排作用，不产生环境污染。

图 2-6　渠道水轮机

（4）分布式小容量水电与其他能源结合综合利用

结合当地条件，开发分布式小容量水电与风能、太阳能、抽蓄、生物质能等多种清洁能源的综合利用。

2.2.3　抽水蓄能发展

我国能源结构呈现清洁化、低碳化发展趋势。非化石能源在能源消费中的比例将从 2020 年 15% 上升到 2050 年的 38% 左右。为适应能源结构调整的需要，在考虑风电、核电等发展规划成果的基础上，2020 年、2030 年、2050 年水电在非化石能源消费中的比重分别达到 51.6%、39.5% 和 31.2% 左右。风电、核电的大规模开发建设需要配套建设一批具有较好调节性能的抽水蓄能电站。

我国幅员辽阔，且资源分布不均。西部地区水能、风能、煤炭资源较为丰富，需要实施西电东送。这些西电东送项目一般具有输电距离长、输电规模大等特点，为保障西电东送的安全可靠运行，需要在受端和送端配套一定规模的抽水蓄能电站。抽水蓄能电站的开发热情和开发积极性很高。《国务院关于创新重点领域投融资机制鼓励社会资本投资的指导意见》（国发〔2014〕60号）、《国家能源局关于鼓励社会资本投资水电站的指导意见》（国能新能〔2015〕8号）明确在抽水蓄能建设领域引入社会资本，通过招标确定开发主体。从目前来看，社会资本投资建设抽水蓄能的积极性较高，我国抽水蓄能电站的开发建设会呈现出良好的发展态势。

2015年1月，国家能源局印发了《国家能源局关于鼓励社会资本投资水电站的指导意见》（国能新能〔2015〕8号），2017年11月，国家能源局综合司《关于在抽水蓄能电站规划建设中落实生态环保有关要求的通知》（国能综发新能〔2017〕3号），2021年4月，国家能源局印发《2021年能源工作指导意见》，2021年9月，国家能源局发布《抽水蓄能中长期发展规划（2021—2035年）》。

然而在国际上，抽水蓄能在发达国家已大量应用，装机比例普遍高于5%，如图2-7所示。截止至2018年底，我国抽水蓄能电站装机容量已居世界第一，在运规模为3000万kW，在建规模达4000万kW；2020年，运行总容量为4000万kW，装机比例约为1.70%，仍需大幅提升抽水蓄能装机比例。

1. 抽水蓄能技术

（1）水泵水轮机

1）多工况、多目标控制参数方法，水轮机"S"区和水泵"驼峰"区流态控制和安全裕度设计，解决机组采用非同步导叶和进水阀参与调节导致的机组振动问题，实现机组双向稳定运行。

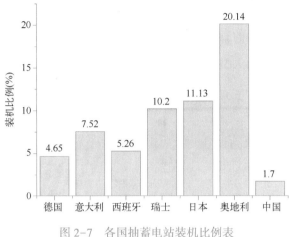

图 2-7　各国抽蓄电站装机比例表

2）提出小包角叶片和收缩型圆头翼型设计技术，解决水轮机与水泵两种流道相互适应的难题，使其更适合正反向流动特性。

3）提出转轮水中动态响应计算模型和计算方程，解决水中动态频率精确设计的难题，避免与涡流及转频发生共振。

常规混流式转轮与长短叶片式转轮比较图如图 2-8 所示。

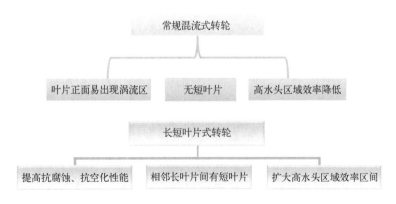

图 2-8　常规混流式转轮与长短叶片式转轮比较图

将长短叶片应用于水泵水轮机，如东方电机研制的安徽绩溪水泵水轮机就采用了长短叶片。

（2）发电电动机及变速机组全功率变频变速技术

攻克了发电电动机的三大技术难题（见图2-9），成功研制出高效、安全、稳定等综合性能最优的大型高速发电电动机。

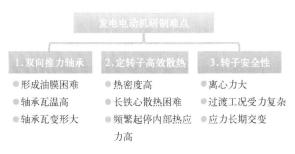

图2-9 发电电动机研制难点

（3）抽水蓄能柔性控制技术

1）变速抽水蓄能技术。研究抽水蓄能变速机组前期规划策略；研究抽水蓄能变速机组在电力系统中的容量配置；研究抽水蓄能变速机组在电力系统中的优化调度技术；研究抽水蓄能变速机组控制系统、保护系统技术；研究抽水蓄能变速机组的交流励磁系统控制技术；研究抽水蓄能变速机组参与电网有功调节技术；研究变速抽水蓄能与风电、光伏等间歇性电源的协同控制技术；研究变速抽水蓄能与分布式电力系统和微电网的协同控制技术。

2）源网协调控制技术。研究基于自适应电网需求的抽水蓄能协调控制技术；研究抽水蓄能电站服务超/特高压交直流混联电网协同控制技术；研究基于负荷侧电能管理的配电网小型抽水蓄能集群控制技术；研究海水抽水蓄能源网控制技术；研究适应地区电网孤网运行的抽水蓄能优化协调控制技术；开展抽水蓄能电站服务电网调度的运行数据和利用状况分析，定量研究抽水蓄能电站对电网的支撑及其他新能源消纳作用，确定抽水蓄能电站经济合理的运行方式，促进抽水蓄能电站作用有效发挥。

3）抽水蓄能与其他能源协调控制技术。研究抽水蓄能调节适应风电、太阳能、潮汐电站等间歇式电源功率波动的协调控制技术；研究抽水蓄能配合核电、火电等大型能源基地协同控制技术。

4）分布式抽水蓄能电站技术。研究支撑分布式电力系统的微小型抽水蓄能机组技术；研究以抽水蓄能机组为核心的分布式电力系统柔性控制技术。

（4）抽水蓄能机电装备技术及国产化

1）高水头400 MW蓄能机组装备制造技术。探索研究700 m及以上水头和单机容量400 MW级机组成套设备的全部自主化技术；进一步提升蓄能机组成套设备全部自主化的制造能力，规范工艺标准和应用技术。

2）抽水蓄能变速机组装备制造技术。探索研究单机容量200 MW及以上抽水蓄能变速机组水泵水轮机、发电电动机的理论计算及成套设备研制；研究变速机组水泵水轮机水力开发，建立转轮模型试验，与常规蓄能机组水泵水轮机对比研究变速蓄能机组的汽蚀性能；研究变速机组发电电动机的电磁计算、轴系计算和通风模型计算，研究绕线式转子铁心绕组及端部固定方法，提出变速发电电动机绝缘解决技术，研究变速发电电动机辅机系统应用技术；研究变速机组调速系统、励磁系统以及附属设备的应用技术。

3）高水头抽水蓄能主进水阀设计制造技术。研究600 m及以上水头的抽水蓄能机组主进水球阀的开发设计，提升高水头抽水蓄能机组主进水阀的精益化设计及制造工艺控制技术；掌握高强度材料加工焊接的关键技术，掌握金属检修密封的加工工艺和精度，掌握超高试验压力下无渗漏的关键技术；完善进水阀操作系统的一体化设计和应用。

4）抽水蓄能关键自动化元器件制造技术。研究抽水蓄能电站关键自动化元器件的动作机理和应用环境；推进新材料、光电信息化技术、一体化"即插即用"自动化元器件在抽水蓄能电站中的应用；完善自动化元器件可靠性试验标准体系及现场试验技术；掌握加工精度技术和工艺控制技术，全面开展规模化应用。

5）海水抽水蓄能机组装备制造技术。探索研究海水抽水蓄能机组过流部件适应海水特殊介质的材料应用和疲劳寿命计算技术；研究海水抽水蓄能机组过流部件的有限元计算技术；研究海水条件下的筑坝、防渗和防海洋生物等相关技术；研究特殊环境下材料焊接的关键工艺控制技术、焊接工艺评定标准体系、无损检测技术和现场应用技术。

6）国产抽水蓄能机组优化技术。开展国产抽水蓄能机组的运行状况统计；分析国产抽水蓄能机组在投运初期、设备疲劳期故障缺陷；研究国产抽水蓄能机组在设计、制造、安装、调试各环节的优化方案，提升国产化设备的核心竞争力。

（5）抽水蓄能电站安全稳定经济运行技术

1）抽水蓄能电站（水电厂）运行控制技术深化。研究大规模间歇式电源接入电网后，提升电网稳定性的机组运行控制技术；研究适应区域电网孤网运行的发电机组控制系统优化协调控制策略；研究提升发电机组、电站与集群主动参与系统有功/频率、无功/电压以及电能质量调节的控制技术。

2）抽水蓄能电站（水电厂）远程调控及优化调度技术。研究区域性集控中心组织机构的形式、布点设置和调控方式；研究区域性集控中心集控机组与人员的配置数量；基于流域水文特征、区域抽水蓄能电站群运行特性，研究区域性集控中心优化调度的控制目标、数学模型。

3）抽水蓄能电站（水电厂）运维培训仿真技术。研究和开发机组三维仿真技术；研究一种既能表达装配结构，又能表达交互过程信息的机组虚拟装配模型；研究建立基于语义的智能交互模型；研究建立具有互动性高、临场感强等特点的运行、操作、安装、检修虚拟环境；研究和开发多媒体学习、三维模拟训练和技能鉴定功能。

4）抽水蓄能电站（水电厂）智能故障诊断技术。研究基于"互联网+"、大数据、云计算、物联网技术手段的设备状态自动采集、实时诊断、可视化和远程感知技术；研究基于新型光电信息材料的机电设备传感测量技术；研究适应智能电站的高集成度、模块化智能传感技术；研究基于 GIS 的管线监测与评估技术；研究基于机电设备多源异构数据融合的设备在线参数辨识、运行状态分析技术和状态预警技术；研究设备安全稳定运行风险在线评估与决策技术；研究移动式专家智能故障诊断技术；研究设备状态检修优化策略。

5）抽水蓄能电站（水电厂）稳定运行技术。研究抽水蓄能机组稳定运行技术，研究机械、电磁、水力及机组部件在设计、安装等方面产生摆度偏大的原因及对策，开展机组结构刚度研究，对推力轴承、下机架等重要支撑部件进行结构刚度计算，分析结构对机组稳定性的影响，并提出提高机组稳定性的设计方案；研究流域生态环境变化对洪水预报的影响；研究栅前垃圾和漂浮物对通流的影响；研究洪水期水电机组振动机理，开发数学模型，制定水电站机组异常振动解决措施。

6）抽水蓄能电站（水电厂）水工建筑物运行维护技术。全面系统分析已建、在建电站安全监测资料，研判电站安全、经济运行状况，为后续同类工程提供参考；深入研究电站自动化监测、输水系统检查与修复和电站地质灾害预警及防灾减灾技术；进一步研究水工建筑物裂缝缺陷分析方法、防渗面板缺陷处理、帷幕防渗效果评价及修补技术；进一步研究电站防雷技术。

7）抽水蓄能电站（水电厂）经济运行技术。深入研究电站运行情况和利用状况，结合区域电力系统实际，确定电站经济合理的运行方式；研究高精度洪水预报技术；进一步研究水情数据可靠传输技术、水库清淤技术和水库库容复核方法。

（6）新型抽水蓄能电站技术

1）海水抽水蓄能电站技术。研究海水抽水蓄能电站的水工建筑物结构形式和适宜采用的建筑、设备制造材料；研究相关政策与措施。

2）适用于分布式能源的抽水蓄能电站技术。研究小容量、低水头抽水蓄能电站建设可行性；研究城市边缘、矿井、海岛、建筑物等开发抽水蓄能电站的可行性；研究风光发电等与抽水蓄能联合发电技术。

3）利用常规水电站水库进行抽水蓄能电站建设技术。研究相关建设方案，分析技术经济可行性。

（7）基础共性技术

1）储能技术。研究低水头、小容量、高效率抽水蓄能开发技术；研究海水抽水蓄能的设备集成和工程应用技术；研究大规模、长寿命、低成本、高安全新型化学储能技术；研究低成本、高效率机械和电磁储能技术；跟踪飞轮储能、压缩空气储能、超导线圈储能、功率型的超级电容储能、制氢储能、储热等技术发展趋势，适时开展应用研究。

2）全球能源互联网技术。研究抽水蓄能服务全球能源互联网的支撑技术，研究全球能源互联运行模式下的储能技术。

3）信息通信及安全技术。研究大容量全光承载弹性网络架构与关键技术；研究无线信息通信技术在电站中的应用技术；研究信息通信安全防护、自主可信可控、预警与态势分析、工控安全等技术。

4）物联网技术。研究无线射频识别技术、传感器技术和嵌入式智能技术等在电站中的应用技术；研究基于物联网的移动终端和无线巡检技术。

5）安全质量控制技术。研究基于大数据、物联网的电站设备安全质量控制、电站优质高效生产经营管理、事故备品备件管理技术；研究电站设备安全质量评估策略；研究企业经济运营评估策略；研究事故备品站点分布策略；深化研究设备全寿命周期管理技术。

6）战略性前瞻技术。研究常规水电站扩容抽水蓄能机组技术；研究低水头高效率抽水蓄能机组技术；研究大型水库水域综合开发技术，包括大型水库水温差发电技术和大型水库区域建设太阳能电站等技术；研究3D打印技术在抽水蓄能电站（水电厂）中的应用技术。

（8）决策支持技术

1）适应新能源政策与全球能源互联网需求的战略研究分析技术。研究新能源政策与全球能源互联网对公司发展战略研究的影响，构建适应新能源政策与全球能源互联网的公司战略研究模型及关键约束；提出市场化和多元化发展下的抽水蓄能电站建设、并网运行优化和运营创新技术；研究以第三次工业革命和能源互联网为代表的"互联网+能源电力"的内在机理、政策需求与实施效果量化分析技术。

2）新电改背景下的市场化改革与价格机制分析技术。研究电力体制改革背景下抽水蓄能电价形成机制；研究新形势下抽水蓄能参与电力交易运行分析技术；研究国资国企改革对公司的影响分析与评估技术；研究"三放开"电力改革下抽水蓄能电力价格分析关键技术与应用。

3）适应公司治理现代化的企业战略决策支撑研究。研究基于企业价值的公司战略绩效评价技术；研究公司战略目标关键影响因素识别及其影响机理；研究公司对标成效评估技术；研究公司创新驱动发展成效评估技术。

4）研究新电改背景下公司综合计划管理体系及资源投入优化技术。研究适应改革与转型要求的企业运营管理模式；研究抽水蓄能变速及海水抽水蓄能建设关键资源优化配置及风险评价技术；研究核心业务运营状态仿真与趋势预测技术；研究物力资源需求预测及供应链优化技术；研究人力资源效能评价及投入预测与优化配置技术。

5）抽水蓄能发展战略研究关键技术。研究基于新政策与电力体制改革要求的抽水蓄能发展战略研究技术。

6）适应能源互联网的智能化抽水蓄能战略研究关键技术。研究面向能源互联网的未来智能化抽水蓄能发展技术路线；研究抽水蓄能发展战略研究及评估关键技术。

7）满足经营效率提升的抽水蓄能电站评价与投资策略关键技术。研究适应新政策下抽水蓄能发展需要的差异化评价标准及诊断技术；研究新政策对抽水蓄能电站的投资影响以及新的抽水蓄能电站经济评价技术；研究基于投资优化策略的抽水蓄能项目评价技术；研究建设投资决策及精益化管理策略；研究适应抽水蓄能发展需要的工程造价优化技术；研究抽水蓄能电站资产全寿命周期管理的决策优化和量化评价关键技术。

（9）重点跨领域技术

1）抽水蓄能电站（水电厂）智能化。研究设备集约化检修管理模式；研究设备状态检修优化策略；研究设备全寿命周期成本管理与优化运行策略；研究电站状态检修体系；研究电站辅助设备运维管控关键技术。

2）基于"互联网+"基础的抽水蓄能电站（水电厂）运营管理。研究基于"互联网+"基础的抽水蓄能电站（水电厂）运营管理。研究支撑精益化管理的抽水蓄能电站（水电厂）大数据分析技术；研究抽水蓄能电站（水电厂）信息标准化与集成交互技术；研究抽水蓄能电站（水电厂）数据质量提升与修复技术。

3）基于物联网、大数据及云计算的生产管理智能化技术。研究基于物联网的水电站远程专家诊断技术；研究基于大数据和云计算的抽水蓄能电站（水电厂）设备分析管理技术；研究智能控制技术与抽水蓄能电站（水电厂）运维检修深度融合技术。

4）基于新型光电信息材料的设备传感测量技术的应用。研究成本低、体积小、性能好、可靠性高、接口灵活的传感器应用技术；研究有较强适应环境能力的、能够精准定位和控制的传感测量应用技术；研究能够实现自校准、自补偿、自诊断及具有数据处理功能的智能化传感测量应用技术。

5）机器人应用技术。研究抽水蓄能电站水工建筑物测量、检查、维护机器人应用技术；建立相关机器人试验检测体系。

6）无人机应用技术。研究无人机巡检技术在抽水蓄能电站（水电厂）工程区域监测、水库运行、地质灾害、突发事件等方面的应用技术；研究无人机在抽水蓄能电站（水电厂）领域巡检实用化技术及空间图像测量技术。

7）电站灾害数值预测及应急处置系统。研究重大区域性灾害对电站的影响评价和数值预测技术；研究电站灾害精细化预测和实时灾害广域监测技术；研究灾害应急处置技术体系。

2. 抽水蓄能研究方向

（1）水泵水轮机性能及变速机组优化

采用多工况、多目标控制参数方法，进行水轮机"S"区和水泵"驼峰"区流态控制和安全裕度设计，解决机组采用非同步导叶和进水阀参与调节导致的机组振动问题，实现机组双向稳定运行。提出小包角叶片和收缩型圆头翼型设计技术，解决水轮机与水泵两种流道相互适应的难题，使其更适合正反向流动特性。提出转轮水中动态响应计算模型和计算方程，解决水中动态频率精确设计的难题，避免与涡流及转频发生共振。

如转轮采用长短叶片技术，将长短叶片应用于水泵水轮机，可消除或削弱转轮内叶道涡，提高机组高效区范围，增加机组稳定性。

国内外定速抽水蓄能机组技术已日趋成熟，变速机组由于其能够满足快速准确进行电网频率调节的要求，同时还具有定速机组不具备的其他优点，将成为常规定速蓄能机组发展到一定规模后的有益补充和具备强大调节功能的关键节点，国际上已经具有较为成熟的设计、制造、建设、运行和维护经验。从运行统计来看，无论在日本还是在德国，同一电站或区域已投运的可变速机组的调用率远高于定速机组。变速机组在多方面的优越性能、为电网提供的优质电能和为运营方创造的效益方面都远超过定速机组。抽水蓄能变速机组全功率变频变速技术能够满足快速准确进行电网频率调节的要求，同时还具有定速机组不具备的其他优点（见图 2-10）。

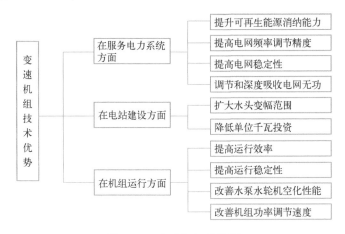

图 2-10 变速机组优势图

变速机组研究关键技术：研究变速机组水泵水轮机水力开发，建立转轮模型试验，与常规蓄能机组水泵水轮机对比研究变速蓄能机组的汽蚀性能；研究变速机组发电电动机的电磁计算、轴系计算和通风模型计算，研究绕线式转子铁心绕组及端部固定方法，提出变速发电电动机绝缘解决技术，研究变速发电电动机辅机系统应用技术；研究变速机组调速系统、励磁系统以及附属设备的应用技术。

（2）海水抽水蓄能电站技术及分布式低水头抽水蓄能电站技术

1）海水抽水蓄能电站技术。目前国际上日本、美国、英国、印尼等国家已开展海水抽水蓄能电站的相关研究，仅有日本在冲绳岛建成了一座海水抽水蓄能电站，而我国海水抽蓄电站的研究尚处于起步阶段。发改能源［2014］2482号文印发的《国家发展改革委关于促进抽水蓄能电站健康有序发展有关问题的意见》指出，"国家适时启动海水抽水蓄能电站研究论证工作""启动海水抽水蓄能机组设备研究，适时开展试验示范工作"。

与陆地淡水抽水蓄能电站相比，海水抽水蓄能电站具有一些特殊的优点，如利用大海作为下水库，无须淡水资源，水量充沛，下库水位变幅小，有利于水泵和水轮机的稳定运行等。主要关键技术如下：

① 建立沿海地区海水抽蓄选址原则及其多尺度资源与效能评估方法。

② 突破海水渗漏控制、防腐蚀、防海洋生物附着等理论障碍和共性关键技术，提出材料选型原则。

③ 建立海水抽蓄环境影响评估体系，提出污染控制、生态修复技术和生态补偿机制。

④ 掌握海水抽蓄变速机组及成套设备设计技术，攻克发电电动机馈电式转子结构及高效冷却、水泵水轮机运行策略、交流励磁与调速协调控制等难题。

2）适用于分布式能源的抽水蓄能电站技术。研究小容量、低水头抽水蓄能电站建设可行性；研究城市边缘、矿井、海岛、建筑物等开发抽水蓄能电站的可行性；研究风光发电等与抽水蓄能联合发电技术。

（3）抽水蓄能机电装备技术发展及国产抽水蓄能机组优化技术

开展国产抽水蓄能机组的运行状况统计；分析国产抽水蓄能机组在投运初期、设备疲劳期故障缺陷；研究国产抽水蓄能机组在设计、制造、安装、调试各环节的优化方案，提升国产化设备的核心竞争力，主要关键技术如下：

1）高水头 400 MW 蓄能机组装备制造技术。探索研究 700 m 及以上水头和单机容量 400 MW 级机组成套设备的全部自主化技术；进一步提升蓄能机组成套设备全部自主化的制造能力，规范工艺标准和应用技术。

2）抽水蓄能变速机组装备制造技术。探索研究单机容量 200 MW 及以上抽水蓄能变速机组水泵水轮机、发电电动机的理论计算及成套设备研制。

3）高水头抽水蓄能主进水阀设计制造技术。研究 600 m 及以上水头的抽水蓄能机组主进水球阀的开发设计，提升高水头抽水蓄能机组主进水阀的精益化设计及制造工艺控制技术，完善进水阀操作系统的一体化设计和应用。

4）海水抽水蓄能机组装备制造技术。探索研究海水抽水蓄能机组过流部件适应海水特殊介质的材料应用和疲劳寿命计算技术；研究海水抽水蓄能机组过流部件的有限元计算技术；研究海水条件下的筑坝、防渗和防海洋生物等相关技术；研究特殊环境下材料焊接的关键工艺控制技术、焊接工艺评定标准体系、无损检测技术和现场应用技术。

2.2.4　鱼类友好的水电工程技术

1. 研究技术和存在的问题

近年来，我国水电建设得到快速发展，水电开发的环保课题应该提升到一个新的高度加以重视，尤其是下行鱼类过坝问题。国内外虽然已有亲鱼水轮机的研究，但是过机鱼伤害机理尚不十分清楚，亲鱼水轮机设计准则尚未建立，对鱼类伤害的考核指标和考核体系尚未建立。因此，需要加强相关伤害机理、测试技术和考核标准体系研究。

我国政府管理部门在对水电工程的规划和审批过程中更加持审慎态度，明显加强了水电工程对环境影响的评估。《中共中央国务院关于加快水利改革发展的决定》明确指出要合理开发水能资源，"在保护生态和农民利益的前提下，加快水能资源的开发利用"。在纲领性文件中提出"在做好生态保护和移民安置的前提下积极发展水电"，以促进我国水电开发逐渐向环境友好、可持续方向发展。

为了解决水利筑坝与鱼类资源保护和可持续利用之间的矛盾，专家学者和管理者千方百计地寻找能够缓解筑坝对鱼类洄游阻隔的办法。为上行过坝鱼设置鱼梯、升鱼机、鱼闸等通道；下行过坝鱼则主要通过溢洪道或水轮机泄放到下游。事实证明，鱼类过坝设施对维持河流生态系统的连通性、保护鱼类、维持流域内生物的多样性具有重要的意义。研究主要技术及各自存在的问题包括以下几个方面。

（1）大坝建设对鱼类上下游通道的阻断

1959 年，Dalles 坝建成，高 30 m，南北两坝端各设一鱼梯、诱鱼水道和旁通管道（见图 2-11）。

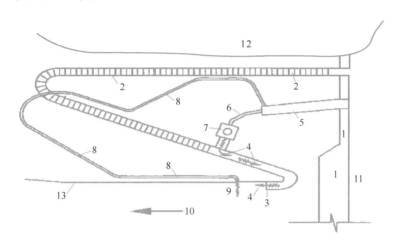

图 2-11　Dalles 坝北端的鱼梯和泄放幼鱼的旁通道布置

1—Dalles 坝　2—鱼梯　3—鱼梯出水口即鱼上行的入口　4—诱鱼水流　5—引水渠　6—压力管道

7—小型水电站　8—泄放幼鱼的旁通管道　9—幼鱼出口　10—哥伦比亚河（坝的下游）

11—水库（Celilo 湖）　12—坝北端山坡　13—哥伦比亚河河岸线

鱼梯坡度为 1:16，每隔 7.5 m 设一跌水，鱼梯流量为 2 m³/s。管道是高密度聚乙烯管，管道坡度为 4%，流速为 7.6 m/s。管道出口处选在坝下主河道流速较大处，以便幼鱼离管后立即随高速水流进入深水，免被鸥鸟吞食。引水渠内设不锈钢丝栅网防止幼鱼进入小型水轮机。

迄今，成年鱼上行过坝设施的研究已有 60 余年历史，取得了很大的成功，而泄放幼鱼设施的效果不理想，迄今还在不断探索改进。

（2）鱼类下行过坝措施

目前所有下行过鱼设施都会对鱼类产生一定程度的影响，且有些过鱼设施工程造价高、施工难度大，还可能影响水电站的发电量。

1）机械运输需要投入大量的人力和财力，且捕捞和运输过程对鱼类的伤害是不可控的。

2）鱼类通过溢洪道下行的成活率与流速和水头有很大的关系，虽然溢洪道是目前较常用的鱼类下行过坝措施，但其效果很不理想。

3）采用幼鱼旁路系统，在常规工程中很难有横穿大坝的旁路水道，若是采用驳船和卡车运鱼，需要耗费大量的人力和财力，且在运输过程中不可避免地会造成幼鱼死亡。

4）采用水表面通道，幼鱼被诱导收集后仍需要通过机械运输或者溢流堰过坝。

事实上，无论采用何种下行鱼类过坝措施，都无法避免会有一部分鱼类随着水流进入水轮机。因此，降低水轮机对鱼类的伤害，提高鱼类过坝存活率，对水轮机及其流道进行改造十分重要。有研究表明，鱼类通过设计良好的水轮机（见图2-12）的存活率要高于通过溢洪道的存活率。

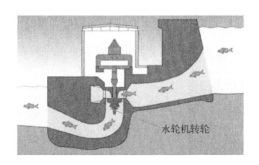

图 2-12　鱼类通过设计良好的水轮机

2. 技术发展方向

（1）鱼类通过水轮机下行过坝损伤

水轮机过机鱼的损伤率和存活率与很多因素有关，文献所介绍的数据也各不相同。20世纪70年代，初步的试验表明，通过美国哥伦比亚河水电站水轮机的洄游鱼类直接损伤率在 15% 范围内。也有研究表明，幼鱼通过混流式水轮机下行时，存活率为 60%~90%（与鱼的大小和转轮速度有关）；通过轴流转桨式水轮机时，存活率为 85%~95%。鱼类通过常规水轮机的死亡率可超过 30%，水轮机设计不同，过机鱼死亡率不同（见图 2-13）。

图 2-13　通过水轮机死亡的鱼

美国陆军工程师团对水轮机过机鱼存活率进行了研究，发现：

1）水轮机内几何形状复杂且流态变化迅速，鱼类会受到损伤。鱼类的存活率与其在水轮机内的通过路径有很大的关系。

2）鱼类在转轮附近区域最容易受到损伤，因为在转轮附近鱼类会与转轮叶片接触造成机械损伤，且该区域流态复杂，压力、剪切力及紊流变化较大。

ARL/NREC 和 Voith Hydro 研究小组在进行鱼友型水轮机研制时发现缺少必要的生物设计标准。虽然国外曾进行过一些鱼类通过水轮机损伤机理的研究，但因为这些研究并不是以建立鱼友型水轮机生物设计准则为目标，缺少导致鱼类损伤的相关数值（或阈值），几乎没有可用于指导鱼友型水轮机研制的数据资料，卡达等人在 DOE 和 AHTS 委员会成员的支持下，提出了生物学的临时设计准则。

（2）鱼友型水轮机研究

鱼友型水轮机研究方法包括通过 CFD 数值手段和清水模型试验获取水轮机

内流场，根据流态分布、流动参数，结合鱼类损伤机理，判定水轮机的友好过鱼能力；通过过鱼模型试验和过鱼现场试验，采用真鱼、传感器鱼、模拟鱼等进行过鱼试验，获取流态分布和流动参数，测试试验鱼损伤率、损伤情况，分析损伤原因等。

1）ARL/NREC 鱼友型水轮机（见图 2-14）。

设计目标：设计一种不同于混流式或轴流式水轮机的新型水轮机转轮，最大限度地降低过机鱼的损伤；新型水轮机过机鱼存活率高于 96%，效率至少为 90%。

设计思路：基于泵叶轮的形状，尽量减少叶片数，降低转轮叶片上压力随距离变化梯度，降低速度随距离变化梯度，尽量减小转轮和转轮室的间隙，尽量加大流道尺寸。

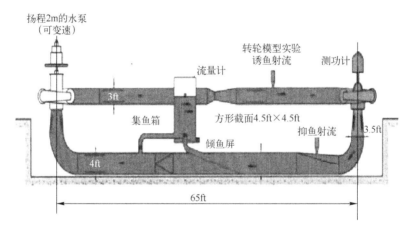

图 2-14　鱼友型水轮机试验装置

注：1 ft = 0.3048 m。

2）Voith Hydro 小组鱼友型水轮机。

混流式水轮机：①减少叶片数，加大流道尺寸；②采用较厚的叶片进口边，使转轮的效率和水头特性曲线更平坦；③降低导叶的悬臂，以消除产生有害涡流的间隙，增加导叶对转轮之间的距离，并使导叶与固定导叶对齐等。

轴流转桨式水轮机：①水轮机组高效无空化运行；②除去转子中心体、叶片和转轮室中环附近的间隙；③适当地布置固定导叶与活动导叶位置，以消除因撞击而使鱼受伤的可能性；④采用生物降解的润滑液、润滑脂和无润滑脂的活动导叶轴瓦，避免有害的污染物进入水中；⑤抛光所有的表面焊缝，以降低对鱼的擦伤等。

3) 最小间隙转轮。最小间隙转轮（简称 MGR）的概念为，除结构上必需的间隙外，叶片与轮毂、叶片与转轮室之间无间隙或者间隙尽可能小。最小间隙转轮设计可以减小与间隙相关的碾磨、空化、剪切力及湍流所引起的过机鱼损伤（见图 2-15）。

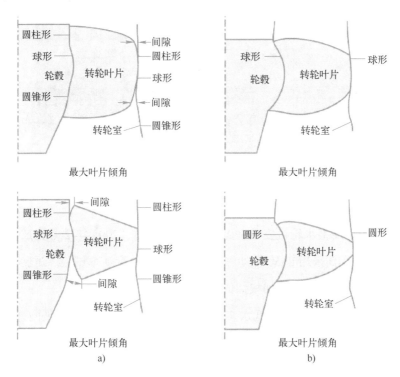

图 2-15　传统转桨式水轮机转轮和最小间隙转轮结构对比图

a) 传统转桨式水轮机转轮　b) 最小间隙转轮

　　轴流转桨式水轮机通过将轮毂体和转轮室的形状从圆柱体-球体-圆锥体改为整个球体，从而使叶片全部包入转轮室，消除轮毂体、叶片和转轮之间的间隙。

　　4）美国瓦纳普姆水电站鱼友型水轮机（见图2-16）。

　　设计概念：降低转轮安装高程以改善空化性能；延长固定导叶以改善流态；活动导叶和固定导叶对齐、尾水管改型等。

　　最关键的设计：转轮叶片从5个改为6个，叶片长度变短，以便于采用全球型的轮毂体设计。所需要的装机容量通过增大转轮直径（由285 in⊖增加到305 in）和降低安装高程来保证。

图2-16　鱼友型水轮机转轮

　　新设计的鱼友型水轮机安装在 Wanapum 水电站，2005 年 2 月完成了起动试验。格兰特县 PUD 采用 8850 尾幼鲑鱼进行了过机鱼存活率试验。试验表明，新水轮机过机鱼存活率的整体加权估值为 97.82%。

　　5）最小间隙导叶。对于低水头水轮机，导叶在全开位置时是向外伸出的，这是由于导叶开度大且节圆直径与水轮机进口直径之比小。导叶全开时其下部

⊖ 1 in = 0.0254 m。

的尾流形成很大的剪切力和极强的紊流，会损伤经过的鱼类。

针对这一问题，ALSTOM 的设计人员提出了一项与传统导叶相适应的新设计方案，即完全消除导叶外伸结构（见图 2-17），该设计方法称为"最小间隙导叶（MGGV）"。

图 2-17　最小间隙导叶

这一创新设计是采用回转表面底环嵌入物，每只导叶处有一个嵌入物，嵌入物的形状保证了在任何导叶开度下导叶与底环之间无间隙。

MGGV 的应用可以完全取消导叶外伸结构，极大地减小了流场中的剪切力区和导水机构下游区域的紊流，从而提高过机鱼的存活率。CFD 分析和模型试验都表明，采用传统导叶和最小间隙导叶，水轮机效率几乎没有改变。

6）上流式水轮机（见图 2-18）。上流式水轮机将传统的向下出流式水轮机改为向上出流式，在设计思路中兼顾了环保因素和能量性能的需求，整个水轮机系统结构简洁、紧凑。

采用向上开放式出流，无尾水管。这种尾水出流方式可以增加空气的溶入量，消除空化，从而避免剧烈的压力变化，减少由此引起的过机鱼鱼损伤。应用竖直的压力平衡针阀，取代导叶，减少了机械碰撞引起的过机鱼损伤。

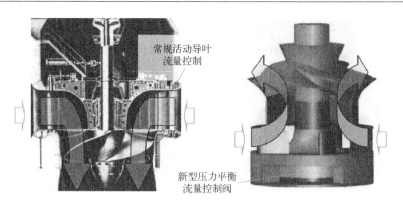

图 2-18　上流式水轮机

（3）水泵上行过鱼研究

除传统上行鱼道外，人们在生产实践中发现抽水蓄能水电站在泵工况运行时，会将下水库的小型鱼类或鱼卵等吸至坝上，可能会起到一定的过鱼作用。

2004 年，太平洋西北国家实验室采用传感器鱼测试了大古力抽水蓄能电站水泵运行工况真鱼所经历的水力条件与环境，评估真鱼损伤和成活情况。

美国大古力（Grand Coulee Dam）抽水蓄能水电站（见图 2-19）装有 6 台立式混流泵和 6 台抽水蓄能机组。水泵转轮叶片数为 7，转速为 200 r/min，流量为 45.3 m³/s，叶轮进口直径为 2.286 m，转轮出口直径为 4.27 m，出口边宽度为 0.482 m，扬程为 89~94 m。

试验发现，除了紧邻叶轮区域外，流道内湍流很弱，流态良好。传感器监测到的湍流强度和时间，与大型轴流转桨式水轮机流道内传感器监测的湍流情况相当，但是比 Bonneville 大坝过鱼溢洪道流场湍流强度弱很多。

平均撞击概率采用蒙特卡罗模拟法（Monte Carlo Simulation）预估。撞击概率范围为 7.55%（鱼长度为 60 mm）~38.9%（鱼长度为 300 mm）。大多数（约 77%）红大马哈鱼（长度 180 mm）通过水泵上行时没有与过流部件产生撞击，且没有因湍流而造成损伤。在 23% 的可能与过流部件产生撞击的上行鱼中，根据文献中关于撞击鱼死亡概率经验，预计约 60% 可以到达 Banks Lake，且没有可见外伤。假设红大马哈鱼在流道中没有因压力造成损伤或者死亡，则 90% 以上的红大马哈鱼（长度 180 mm）可以通过水泵上行至 Banks Lake 且没有严重损伤。

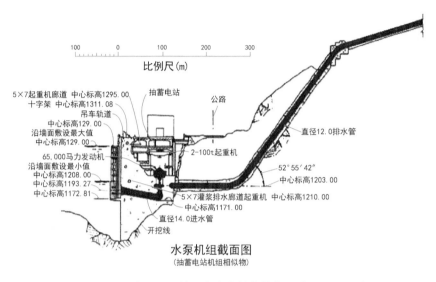

比例尺(m)

图 2-19　美国大古力抽水蓄能电站

（4）适合过鱼的坝区流场重构技术

通过优化枢纽布置与运行调度方案、布设集鱼导鱼设施以及改进溢洪道消能方式等措施，构建鱼类友好的坝区上下游水流流场，提高过鱼能力和减少鱼类损伤。

（5）鱼类生物习性与损伤机理评估技术

开发高精度声光学、无线遥感等布设技术监测鱼群洄游路径以及在坝区的游动规律，有效探明鱼类的生物行为特性，为构造鱼友型水电工程提供依据；开发仿真鱼、传感器鱼，研究鱼类通过不同方式过坝所面临的水动力学环境，结合真鱼试验，研究鱼类损伤机理。

2.2.5　大坝建设全过程实时监控集成系统

1. 研究内容

随着我国水利水电工程的建设，高堆石坝及高碾压混凝土坝施工规模的提高为坝体安全性带来了新的考验，对大坝建设管理特别是施工质量控制提出了更高层次的要求。例如高堆石坝的填筑施工质量管理，如果仍然采用常规的依靠人工现场控制碾压参数和人工取样的检测方法来控制施工质量，与大规模机械化施工不相适应，也很难达到水电工程建设管理创新水平的高要求。因此有必要开发一种具有实时性、连续性、自动化、高精度特点的大坝施工质量实时监控系统，对大坝施工的各个环节进行有效监控，使大坝施工质量始终处于系统的监控状态，实现施工质量实时监控与反馈控制。

大坝施工质量实时监控系统在国内水电工程建设中应用的典型案例是水布垭面板堆石坝碾压施工质量实时监控系统。该系统集合 GPS 定位技术、数据通信传输技术等高新科技，现场安装碾压机械移动监测点、网络中继站等硬件设备，建立主控中心与现场分控站，连续、实时、高精度对碾压机械进行自动定位进而进行碾压遍数计算与显示，可应用软件处理方法计算填筑层厚度，由此实现对面板堆石坝碾压施工参数的实时控制。

水布垭面板堆石坝碾压施工质量实时监控系统实质上进行的是以高精度定位技术对压实效果的实时监测、计算与反馈。在土石压实质量实时监测与控制方面国内外学者进行了大量的研究和实施。国内外公路施工中，采用以振动碾反应路基刚度联合碾压机 GPS 定位建立智能压实的反馈控制系统进行质量控制，在土石、沥青等材料碾压施工中得到广泛应用。在高混凝土坝中也有很多学者开展研究，认为数字监控可以及时发现混凝土坝施工期应力场、温度场存在的问题并调整对策。在向家坝施工中，混凝土坝动态可视化仿真系统可以基于 GIS 直观描述复杂施工动态过程中的时空逻辑关系，为方案优选、施工机械配套、优化施工程序等关键技术问题提供可视化决策基础。

高坝的设计、建设过程中涉及众多静动态信息，将这些信息进行综合集成和有效的管理与分析，实现远程、移动、便捷的管理与控制，为大坝设计、施工、运行与工程建设管理等提供全面、快捷、准确的信息服务和决策支持，是工程建设与管理中需要解决的重要技术问题。结合重大水电工程高坝的建设施工，提出研制开发数字大坝综合信息集成系统，综合运用 3S 技术、海量数据库管理技术、网络技术、多媒体及虚拟现实技术等，对大坝设计、建设和运行过程中涉及的工程进度信息、施工质量信息以及安全检测信息等进行动态采集与数字化处理，构建大坝三维综合数字信息平台，以实现各种工程信息整合和数据共享，并在工程整个生命周期里，实现综合信息的动态更新与维护，为工程决策与管理、大坝安全运行与健康诊断等提供信息应用和支撑平台。

2. 发展方向

（1）高坝施工质量实时监控系统集成理论与相关技术研究

针对高堆石坝、高混凝土坝施工质量实时监控与数字大坝系统的组成结构进行分解，在此基础上进行系统集成关键问题分析，建立施工质量实时监控与数字大坝理论体系；针对工程施工过程中出现的问题进行继承要素分析，建立高坝施工质量实时监控继承概念模型。

（2）大坝碾压质量实时监控系统与坝料上坝运输实时监控系统研究

基于实时监控系统资料和监控系统集成理论，建立施工质量控制指标体系，在此基础上建立控制目标函数，建立包含检测数据获取、传输和表现三个层次的技术集成模型，利用计算机三维图形技术，在网络环境下对上坝运输进行实时监控，并与工程管理软件集成，结合施工经验优化筑坝方案。

（3）高坝质量控制实时监控系统与数字大坝集成的实现和应用

基于理论研究，通过开放式的设计方案和集成化的设计开发模式，实现高坝施工质量实时监控与数字大坝系统的集成，实现大坝施工质量实时监控与质量、进度、安全、监测、地质等信息的集成管理；实现对大坝施工过程主要环节精细化、全天候实时监控分析，增强系统自动化程度。

2.2.6 大坝服役高精度仿真与健康诊断

1. 研究内容

水利水电工程的健康劣化迹象常常从局部首先出现，因此大坝局部损伤的演变趋势及危害性分析研究，历来是各国大坝建设中的重大研究课题。裂缝、渗漏溶蚀、冻融、温度疲劳和日照碳化以及材料影响（如碱集料反应）等破坏因素的作用或联合交替作用，降低了大坝的强度、稳定性和耐久性，严重影响水工混凝土结构的健康水平和使用寿命。

原位监测资料是大坝安全性态的综合反映，大中型大坝一般都布置有较为完善的监测系统，利用大坝监测资料，分析大坝是否异常及其成因，是评价大坝安全性态并及时采取措施的关键手段之一。但常规原位监测资料分析难以捕捉结构局部隐患损伤（如裂缝、溶蚀等）及其不利影响效应。在无损检测方面，主要归纳为地震波法、电磁波法和超声波法等方法，这些方法在检测结构的隐患和病害方面，取得了一些成果。但如何通过结构仿真，结合监测资料分析和原位检测信息，分析局部损伤和大坝整体安全的关系，及时发现不安全因素，确保大坝工程安全，是大坝安全领域长期关注的热点。监测和检测传感仪器、集成系统、信息后分析和评判与预警理论方法等方面有许多关键理论和技术亟待突破。

由于重大水利水电工程的长期运行和环境等的综合作用，目前技术条件下，工程出现裂缝等损伤现象常常难以避免，工程的综合整治理论和技术研究任务紧迫。混凝土是水利水电工程主要建筑材料之一，应用已有百年历史，混凝土或钢筋混凝土已暴露出许多不适应水工建筑物应用的弱点，水工混凝土结构受力情况复杂，运行环境恶劣，经常出现裂缝等影响工程耐久性的问题。通过研究和开发可以避免或减少裂缝的产生，以及有利于裂缝的修补和结构的补强加固的特种混凝土材料奠定理论的基础，这对确保重大水利水电工程安全，延长工程使用寿命，充分发挥工程效益有重大意义。

随着我国水利基础设施全面建设和十大水电基地开发，水利水电工程的健康状态和安全问题将日益突出，水利水电工程的安全问题将流域化、区域化。建立水利水电工程健康诊断的统一量化标准，实时诊断和评估工程的健康与安全状态，可以为工程运行维护提供科学依据，避免盲目使用有限的工程技术改造和补强加固资金，这不但关系到单座工程的安全运行问题，而且直接影响到整个流域，乃至整个经济区域的安全和发展。

2. 发展方向

1）水工结构工程损伤的检测和监测仿真系统。以坝、堤为对象，模拟水工结构典型荷载工况和典型损伤，研制开发结构损伤检测和监测仿真系统物理模型，并在模型中预埋多种检测和监测传感元件，建立检测和监测数据自动采集系统。研究水利水电工程损伤检测和监测新技术，包括非接触式和接触式无损检测、侵蚀检测、光纤等永久传感元件以及它们的信息融合和结构健康诊断，开发具有自主知识产权的网络感知系统。

2）水工结构工程损伤的允许程度和整体安全影响机理研究。依据原位及仿真模型的检测和监测资料，以损伤力学概念和技术路线为基础，建立病害缺陷、损伤和损坏的判别尺度，在结构层次上研究结构局部劣化和整体安全之间的关系，研究不同因素交替作用下或同一因素多次作用下水工结构工程发生病变损伤和劣化的力学机理，建立重大水工结构工程损伤度的监测和检测信息融合模型，提出水工结构工程损伤的允许程度，由此研究重大水工结构工程损伤破坏的特征、分级、失效判据和控制标准，建立相应的风险评估理论和方法。

3）水工结构损伤转异特性和宏观效应分析方法。在微观或细观角度，水工结构材料难免存在各种原始缺陷，通过试验和理论分析，应用细观力学理论和方法，建立水工结构的损伤本构关系；探究微裂纹等缺陷对损伤因子和断裂应力强度因子的影响，提出病害缺陷、损伤和损坏发展演变的转异特征和宏观效应分析方法。

4）水工结构工程的健康诊断和寿命评估系统。以上述的研究成果为基础，依据检测和监测系统所得的信息，结合风险分析理论和方法，研究重大水利水电工程失事模式、失事概率和风险评价与风险标准等理论和技术，创建水工结构工程的实时在线健康诊断和寿命评估系统，为重大水工结构工程的运行维护提供科学依据。

5）水库蓄水后两岸裂隙地质体中水–力–温–岩多物理场动态演化过程及对谷幅变形的影响机制。

6）考虑施工运行全过程、水流–应力–温度多场耦合作用的库–坝–基–水工作性态高置信度模拟、预警与调控技术。

7）重力坝真实服役性态仿真分析技术。揭示筑坝材料及地基的时变特性，探究联合筑坝变形协调机理，构建大坝精细化模拟技术，精确模拟高重力坝运行期真实服役性态，评价大坝及地基系统安全度。

8）重力坝安全动态调控技术。以提高大坝运行安全度，延长大坝使用年限为目标，开展能够实时反馈分析的大坝安全动态调控技术研究。

2.2.7 极端灾害下大坝风险调控

1. 研究内容

经过多年的水利建设，我国水工程体系已经初步形成，防洪抗旱减灾体系逐步建立，三峡、小浪底、南水北调工程等世界级水利水电工程先后投入运行，在高坝建设的指标和规模方面已跃升世界领先地位，筑坝技术跻身国际先进行列。尽管如此，我国人均库容、水能资源开发程度均远低于世界平均水平，水资源安全保障的工程支撑能力仍明显不足。考虑工程长期运行条件下的性态演变和极端条件影响，协同满足重大水工程建设运行安全和生态环境友好要求，成为水工程建设运行领域的技术发展方向。

2. 发展方向

(1) 极端荷载枢纽建筑物动力响应特性与破坏机理研究

考虑长江上中游特大型水利枢纽大坝、船闸、升船机等复杂结构系统，采用数值模拟方法，建立地基-库水-结构-闸门系统的多尺度动力分析模型，研究地震、爆炸、撞击等极端荷载条件下枢纽建筑物动力响应特性与破损机理。针对大坝与泄洪结构，探研大坝、库水、地基的非线性相互作用与泄洪孔口闸门、闸墩、库水的非线性相互作用，建立含孔口闸墩的坝体-库水-地基系统的多尺度非线性动力分析方法，分析坝体的动力响应特性与破损机理、钢筋混凝土闸墩的损伤破坏模式和闸门的失效机制，以及地震作用对于坝基渗控系统的影响；针对船闸建筑物，研究闸首、水体、闸门、地基的相互作用问题，建立船闸结构-水体-闸门-地基的非线性分析方法，分析极端荷载条件下，闸首和闸门的变形破坏模式和失效机理；针对升船机建筑物，研究塔柱结构、船厢、水体的相互作用问题，建立升船机的非线性分析方法，分析极端荷载条件下升船机塔柱结构变形破坏模式及其对承船厢运行的影响。

（2）枢纽建筑物极端动力荷载易损性研究

地震、爆炸、撞击等极端荷载条件具有明显的随机性，从概率的意义上定量刻画枢纽建筑物在极端荷载作用下的易损性程度，描述荷载强度和枢纽建筑物破坏程度之间的关系。针对地震荷载，选取若干条地震记录，开展坝体、泄洪结构、船闸、升船机等枢纽建筑物的非线性损伤动力分析，统计分析地震动强度与损伤破坏程度之间的关系，提出破损等级划分标准，研究枢纽建筑物的地震易损性；针对爆炸荷载，考虑不同的起爆位置与强度，模拟枢纽建筑物所承受的冲击作用力和相应的损伤破坏程度，尤其是闸门等薄弱部位的变形程度，研究枢纽建筑物遭遇爆炸袭击时的易损性；对于撞击荷载，考虑不同的作用位置与强度，研究枢纽建筑物的破损程度和变形程度，研究枢纽建筑物在撞击荷载作用下的易损性；对比分析大坝、孔口结构、船闸、升船机等枢纽建筑物易损性特性，揭示枢纽建筑物应对极端荷载条件下的薄弱部位。

（3）极端条件枢纽建筑物安全风险与调控措施研究

从风险的角度，发展极端条件下的大坝、船闸、升船机等枢纽建筑物的安全评估方法和调控措施。通过理论分析和调查研究，分析极端地震、爆炸冲击、撞击等极端条件发生的概率；研究特定的极端荷载条件下，坝体、船闸、升船机等建筑物的可能损伤破损程度，并从防洪、发电、航运、供水、环境等方面，研究极端荷载条件下大坝、船闸、升船机等枢纽建筑物破损可能带来的人员伤亡、直接经济损失、间接经济损失，以及可能造成的社会环境影响等；由此，考虑极端条件出现的随机性、建筑物的可能损伤破坏程度以及相应的社会经济损伤，建立极端荷载条件下枢纽建筑物的安全风险评价方法；针对枢纽建筑物的安全风险，研究枢纽风险调控的工程措施并评价其效果，提高枢纽对极端条件的应对能力。

（4）极端条件枢纽应急调控关键技术研究

进行国内外大型枢纽应急和调控措施的调查研究，发展极端条件枢纽应急调控关键技术。调研分析长江上中游特大水利枢纽的运行安全管理现状，应急管理和应急预案情况，应急设备、设施、装备配置现状；调研美国联邦应急管理署、加拿大大坝协会等国外组织对大坝的应急管理和应急预案体系；总结国内外大水利枢纽针对极端条件和极端约束的应急预案和调控技术，开展长江上中游枢纽的极端条件和极端约束应急措施研究，发展地震、爆炸、撞击等极端荷载条件下，长江上中游特大枢纽安全状态的快速评估方法和应急调控技术。

2.2.8　水利水电开发对环境影响分析

1. 研究内容

正确处理生态环境保护与水资源开发的关系，必须坚持"保护中开发，积极、科学、合理开发利用"的原则，在保护中开发，在开发中保护，正确处理好保护与开发的关系，以及移民安置等问题，保障各大流域社会、经济、环境的协调发展。保护应纳入开发目标，开发应考虑综合利用。贯彻落实科学发展观，促进人与自然和谐相处，必须以水资源的可持续利用支撑经济社会的可持续发展，把维护河流健康作为水资源开发利用的基础和前提。

水电在开发与利用时，要重视对环境的影响。水能利用，将不可避免地影响环境、改变环境；水能利用是人类社会进步发展的重要标志之一，不利用自然能源资源为人类社会发展服务，是不尊重历史发展的客观事实和客观规律的臆想；水能利用为人类生存发展服务，是能源资源利用中对环境不利影响最小、有利影响最大的能源利用形式；人类社会对水能利用伴随着人类对环境利用和水能利用关系的认识的不断深化而不断提高的，改进水能利用对环境友好的程度是需要深入研究并付诸实施的。

水电开发对环境的有利影响：以发电为主，兼有防洪、航运、渔业、供水、旅游及水质保护等经济开发综合效益的工程，还能起到调节水资源的时空分布不均，防止各种旱涝灾害，保障人类社会的基本生存条件的最重要的生态环境保护作用。防洪：三峡工程为例，三峡工程有明确的结论，即修了三峡工程以后，可以使下游的 1500 万人口、2300 万亩的粮田得到有效的保护，在三峡工程的论证中，三峡工程的三大功能，唯有防洪功能是不可替代的。

水电开发对环境的不利影响：大坝一旦形成水库之后，会淹没上游的土地，产生移民，同时也会改变整个河流的水文情势。比如水量、水温、水位流量过程对泥沙的改变；对生物特别是对洄游鱼类的洄游通道形成阻断，对生物多样性会有影响；对水质也会有所影响，由于上游流速减缓，水的净化能力会减弱；蓄水以后，两岸有一个再造的过程，可能会诱发地震或者滑坡。

2. 水电开发对环境影响评价内容与指标

（1）评价内容

1）水利水电规划环境影响评价范畴与生态环境重点问题分析。

2）流域生态环境承载力评价理论与方法研究。

3）流域梯级开发的累积效应与累积影响评价技术与方法。

4）水利水电规划环境影响评价标准体系的建立。

5）水利水电规划环境影响评价技术集成研究。

（2）评价指标

环境友好型水能利用中环境包括自然环境、社会环境和人文环境。要实现对环境友好型的目标，在水电开发过程中需要从以下几个方面进行综合考量：

1）水资源适度利用。利用是一个价值比较概念，它不仅仅是经济价值，也包括环境价值，即自然生物生态的各种产生价值以及对人的社会价值。

2）综合利用的概念。水电水库和城市的水环境、农业养殖、旅游开发等综合开发应用。

3）共享利用。淹没资源通过获得资源进行补偿，改变水资源的利用是为了水利部门综合调节使用，与库区人民没关系，这种想法是完全错误的。

3. 技术发展方向

（1）流域（或区域）生态环境承载力评价理论与方法

对生态环境承载力进行评价研究是科学制定水利水电规划的前提，对其评价指标体系的建立开展研究，进而对生态环境承载力评价的理论与方法体系开展研究。流域生态环境评价模型图如图 2-20 所示。

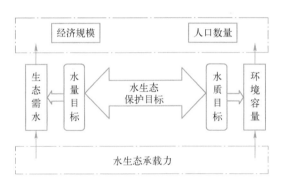

图 2-20　流域生态环境评价模型图

（2）流域梯级开发的累积效应与累积影响评价技术与方法

系统研究流域大坝建设开发对流域生态环境、自然环境及社会经济总体的累积影响；探索流域开发对环境影响的关键因素。从单一规划的角度看，可能对生态环境产生较小的影响，但不同开发活动的叠加，往往会产生加和效应或协同作用。累积影响评价是流域开发规划阶段必须考虑的问题，对流域开发利用累积效应评价技术方法体系开展研究，提出累积影响评价技术方法。梯级水库群如图 2-21 所示。

图 2-21　梯级水库群

（3）水利水电规划环境影响评价标准体系

建立能够体现水利水电特点的规划环境影响评价技术标准体系，包括水利水电规划环境影响评价技术标准信息的采集、水利水电规划环境影响评价技术标准的国内外对比研究、水利水电规划环境影响评价技术标准体系的建立与完善。

（4）水利水电规划环境影响评价技术集成

开展水利水电规划环境影响评价关键技术综合集成研究，设计具有水利水电特色的规划环境影响评价技术方法与技术标准体系相结合的模式，对流域空间信息数据管理技术与规划环境影响评价方法库进行集成，对其关键技术开展研究。

（5）水利水电工程的生态环境效应及对策

1）水文要素变化对生物资源的影响机制。在宏观上对比长时间和大空间跨度的水文要素变化和生物资源的消长规律，研究水利水电工程建设所造成的水文情势变化的程度和方式及其对生物资源的影响；微观上则根据不同生物对水力学条件的趋避特点，研究水利水电工程建设所形成的水力学环境（流速、流态、坝下径流调节等）对重要生物资源的影响，探讨水利水电工程作用与重要生物资源的生态水文学机制。

2）对重要生物资源不利影响的主要补偿途径。针对主要受影响的种类和对其产生不利影响的关键因素，开展重点生物资源生态环境再造技术（人工栖息地）、基于生态水力学的径流调节补偿技术（如人造洪峰、下泄水温调节的工程与径流调节技术）、岸坡生态工法（或生态水工学）技术研究。

3）生态友好的水利水电工程运行的生态准则。深入研究并确立大坝建设与水库（电站）运行的基本生态准则，包括最小下泄生态流量确定的理论与方法、建立河流适应性生态恢复的生态水文调度，以及基于生态水文与工程调度相结合的新型水库调度准则等。

4）生态型投资移民方式的探索。利用水利水电工程建设时机，深入探索可持续发展的新型移民政策，以改善生态环境，减少单位装机或库容的移民人数和淹没耕地面积为指标和原则，对生态型投资移民方式开展研究。

第3章 水能技术体系

　　水能技术体系是指水能开发利用中各种技术之间相互作用、相互联系，按一定目标、一定结构方式组成的技术整体。技术体系受自然规律和社会因素的制约。技术与技术之间的联系、作用受自然规律的影响，同时各项技术之间的联系又受到社会因素制约，因时代、地理、国家的不同，技术之间的联系方式便不同，所以在现实社会中，技术体系是一个极其复杂的纵横交错的立体网络结构。水能技术体系由水力发电技术系统和相关的约束条件组成，前者涉及水工建筑物技术和水轮发电机组技术，后者涉及水文气象、地形地质、环境生态、移民和社会等多个方面。分析和创新其中的核心技术，是水能资源绿色开发和高效利用的重要保障。

3.1　水能技术重点领域

3.1.1　水情测报与水电联调优化调度系统

1. 水情测报系统

（1）自动调度系统

建立电网水调自动化系统，实现及时和正确的水库调度，保证电网的安全经济运行。

（2）测雨雷达

采用测雨雷达，可以克服地面观察中由于降雨分布不均而引起的面雨量误差。

（3）多种通信方式的选择

应根据水情预报站网规划，结合流域内地形交通等条件，对各种通信方式进行多方案技术经济比较。

（4）运行体制选择

对不同的流域，不同的使用要求，应当选择与之相适应的工作体制。

（5）新型传感器的开发

传感器能否稳定工作、准确检测水位、有效传输数据则成为水情自动测报的关键。

2. 水电站群水电联调优化调度系统

（1）长、中、短期来水预报技术

开展水库的天然来水预报，以便合理安排水电站的发电计划，提高水量和水头的利用效率。目前主要开展中长期水文预报和短期来水预报。

（2）水电计划调度技术

水电站发电调度计划根据调度期的长短可划分为长期、中期和短期。短期优化调度的主要任务是指将长期经济运行所分配给本时段的输入能在更短时段内进行合理分配，以此来确定水电站逐日或逐小时的负荷运行状态。而长期发电调度规则的研究多偏重于调度图和调度函数这两种调度方法。

（3）实时调度及控制技术

实时调度及控制技术为电网提供可靠电源、降低发电成本，为水电站自身稳定安全运行提供参考依据，减少水轮机组耗损、改善其性能和挖掘发电潜力。

（4）电力市场水电调度技术

利用水力资源发电，将水火电纳入统一交易平台，共同竞价上网，已成为我国电力市场建设的重要内容之一。

3.1.2 水电站建设技术体系

1. 大型地下厂房技术

近年来，我国在地下洞室工程理论研究、设计、施工和监测等方面有了较大的发展。目前我国建设抽水蓄能电站方兴未艾。在西部大开发及抽水蓄能电站建设项目上，将越来越多地要建设大型地下厂房洞室工程（见图3-1）。大型地下厂房洞室工程具有跨度大、边墙高度高、需分层开挖施工、与相邻洞室并列或纵横交错形成洞室群、洞室交叉口多等特点，有一些关键的技术问题，需要在设计和开挖施工中加以重点研究和突破。

图3-1　施工中的地下厂房

（1）洞室开挖施工期地质超前预报技术

复杂地质条件下大型地下洞室施工期地质超前预报技术与隧道施工期地质超前预报技术是同类技术，隧道施工期地质超前预报技术现状即代表了复杂地质条件下大型地下洞室施工期地质超前预报技术现状。

在隧道建设中，线路往往会穿过多种岩类、多个个构造，跨过多个地质单元，即使同一岩类的工程地质条件也是千差万别，特别是火成岩和变质岩地区地质条件更为复杂。隧址地区的地质条件情况都是地质勘查人员在地表通过地质调查、水文试验、钻探和物探等方法获得的，加之人们认识水平参差不齐，以及勘测手段的局限性，使得在勘查设计阶段很难确定隧道的地质情况和不良地质体的性质、范围及空间分布。

目前使用的隧道超前预报技术主要是以各种反射地震技术为主，地质雷达为辅，瞬变电磁法和高密度电法的应用还不普遍，同时各种预报方法各有优势和不足，适用范围也各有不同。因此，综合多种预报方法手段，优势互补，对基本地质条件进行预测，利用不同方法之间的综合解释，最大限度地消除地质解释的非唯一性，推断分析前方的不良地质情况，成为国内隧洞工程地质超前预报的主要方法。2014 年 11 月投产的锦屏二级水电站，在施工过程中依据其隧洞工程地质环境和特点，构建了隧道洞工程综合超前地质预报技术系统，如图 3-2 所示。

该系统是以地质分析、研究为中枢，将地质综合分析贯穿于隧道洞工程超前预报的全过程，把长期、中期、短期和临兆超前地质预报紧密结合于一体，实行地质-物探-水平钻探三者相结合，优化物探手段的综合超前地质预报技术系统。中期预报以陆地声呐为主，作为日常不间断的监测，短期预报选用瞬变电磁法和红外探水监测，重点异常段启用水平钻探法确认。

（2）复杂地质条件下大型地下洞室施工开挖技术

我国 20 世纪 90 年代后动工的峡谷高坝基本上都采用地下厂房设计方案，如

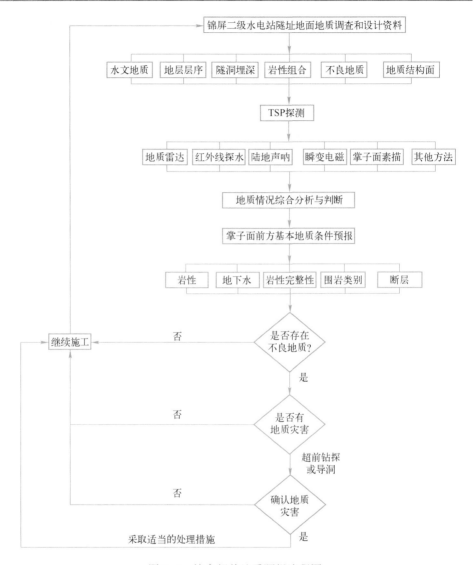

图 3-2 综合超前地质预报流程图

二滩、龙滩、小湾、溪洛渡、拉西瓦、糯扎渡、瀑布沟和水布垭等,向家坝则采用地下厂房和坝后式厂房结合方案,三峡工程后期也在右岸增设了地下厂房。

目前国内大型地下厂房的开挖一般采用分层钻爆方案,充分利用厂房的高度和长度，做到"平面多工序、立面多层次"；在每一层的施工中，开挖领先，随机支护及时跟进，滞后一段距离依次进行系统锚杆、挂网、喷混凝土和锚索施工，在上一层开挖支护完成适当的距离后，开始下一层的开挖支护施工。分层的高度一般为 8~10 m，图 3-3 所示为溪洛渡水电站地下厂房的开挖分层示意图。

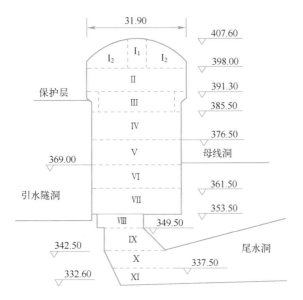

图 3-3　溪洛渡水电站地下厂房开挖分层示意图

近年西南高地应力区水电工程岩体开挖实践表明，在浅埋地下厂房开挖中总结出的先预裂、再开挖的传统开挖程序和轮廓爆破方式并不适用于高地应力条件下的地下厂房开挖，甚至出现无法成缝或因采用的预裂爆破线装药密度过大导致损伤保留岩体的现象。

二滩、瀑布沟等高地应力区的地下厂房开挖实践发现，由于岩体侧向地应力的挟制作用，即使增大预裂爆破的线装药密度，仍不能在开挖轮廓上形成预裂缝，导致先预裂、后开挖的传统施工程序无法实施。因此，这两个工程采用了先中间拉槽，再扩挖，最后采用光面爆破的开挖程序，取得了良好的开挖效果。

而对小湾、锦屏一级和二级水电站，为了控制爆破振动和开挖卸荷作用对高边墙和岩锚梁的不利影响，在其拉槽爆破施工前，均在保护层外侧实施了预裂爆破。实施中，施工预裂与中部拉槽爆破开挖在同一起爆网路起爆，仅在起爆时间上超前。需要指出的是，为克服超强的岩体应力侧向约束作用，这些工程施工预裂爆破的线装药密度较正常值增大了 20%~30%，但这些工程的施工预裂成缝效果并不理想。因此小湾地下厂房开挖中，实际采用了先中部拉槽，而后实施保护层施工预裂爆破的开挖程序，取得了良好的开挖效果。

基于岩体开挖轮廓爆破成缝力学过程分析的高地应力区地下厂房岩体开挖程序和轮廓爆破方式比选原则研究，是今后地下厂房开挖技术研究的一个重要方向。

（3）复杂地质条件下大型地下洞室衬砌支护成洞技术

对国内已建和在建的大跨度地下厂房开挖支护问题，20 世纪 70 年代中期以前，围岩的支护手段主要采用钢筋混凝土衬砌，如刘家峡地下厂房和四川袭嘴地下厂房等。20 世纪 80 年代以后，对解决地下厂房围岩支护问题，用喷锚支护手段代替传统的刚性支护手段，在我国得到了广泛的应用，如吉林白山、云南鲁布格、贵州东风、广州抽水蓄能、四川二滩和黄河小浪底等工程的地下厂房工程。用喷锚支护解决地下洞室的稳定问题，在水利水电以外的其他行业也有大量的工程实例，如普济、下坑、大瑶山等铁路隧道采用新奥法进行施工。

新奥法的基本观点是把岩体视为连续介质，根据岩体具有的黏性、弹性、塑性的物理力学性质，并利用洞室开挖后围岩应力重分布而产生的变形到松动破坏有一个时间效应的动态特征，"适时"采用薄壁柔性支护结构（以锚喷为主要手段）；与围岩紧密贴合起来共同作用，从而调动并充分利用天然围岩的自身承载能力，以达到洞室围岩稳定的目的。实质上，新奥法是把围岩从加载荷载变为隧道支护系统的承载体部分。从新奥法作用原理可知，它应能更广泛地应用于各类复杂地层的隧道工程，并且更经济。近年来，随着国民经济的快速发展，带来高速公路、铁路建设的飞速发展，新奥法更是得到全面的应用，至今无论在理论研究还是在工程实践中都已经有了长足的进步。

例如基于卸荷岩体力学研究成果的支护方案设计研究，将给地下厂房衬砌支护技术带来新的发展。从 20 世纪 90 年代初开始，随着我国三峡工程永久船闸岩体高边坡的开挖，哈秋舲、李建林、张永兴等一些专家学者开始重视并进行卸荷岩体力学的研究。他们认为，岩体工程在加载或卸荷条件下，岩体的力学特征是有着本质区别的。我们知道，岩石本身在加载和卸荷条件下力学特征就有差别，对于岩体而言，其存在许多各种类型的节理结构面，这些结构面虽然在加载力学状态下，仍有很好的力学特征，但在卸荷条件下，特别是卸荷量很大的情况下，出现拉应力以后，岩体中结构面的力学条件将发生本质的变化。这些岩体结构面将迅速劣化岩体质量，使其力学参数急剧下降，其力学特征也不再符合在加载条件下的研究成果，因此，在研究岩体工程时，岩体的加载和卸荷的力学条件，应予以严格区别。

在对岩体开挖卸荷工程进行模拟时，不但要求对研究的岩体对象的计算工况荷载要求为卸荷，而且要求在能反映卸荷状态下的岩体本构关系、力学参数、破坏准则以及计算软件的选取上更加合理，从而使理论分析上取得的研究成果与实际的工程力学状态更趋一致，最终为工程提供经济可靠的设计施工方案。

（4）大型地下洞室衬砌支护施工质量无损检测新技术

早在 20 世纪 80 年代，衬砌质量检测就引起了国内外研究者的重视。1985年，四川省建筑科学研究的晏文剑等对四川地区的混凝土进行回弹测强试验研究，并编制了《四川省回弹法测定混凝土抗压强度技术规程》，同年，美国某公司采用线性调频脉冲雷达技术对具有近年历史的纽约地铁支护结构进行完整性检测，其结果可靠性较高，从此雷达技术被引入工程建设领域。钟世航曾经应用电阻率法、瞬态瑞利波法对衬砌质量进行检测，结果令人满意。1991 年，国际隧道协会地下结构的维修与养护工作组开始研究衬砌无损检测的适用技术，也提出通过衬砌观测围岩状态的思路。由于无损检测的仪器具有操作简便、与洞内其他作业相互干扰小、费用低、可采集的样本大且能满足工程精度要求等特点，在近十几年中，衬砌的无损检测技术得到了长足发展，其中，探地雷达检测方法更是得到广泛的应用研究。无损检测方法总的来说有射钉法、回弹法、垂直反射法、浅层地震法、超声波法和探地雷达法等几种。

目前，在数值模拟方面，模拟方法较多，如矩量法（Method of Moments，MOM）、时域有限差分法（Finite Difference Time Domain，FDTD）、有限元法（Finite Element Method，FEM）等。其中，时域有限差分法始于 1966 年的著名论文 "Numerical solution for initial boundary problems involving Maxwell's equation in isotropic media"，以其直接进行时域计算、适用性、计算程序的通用性、节约内存和计算时间及简单直观等特点，现已成为最为重要的电磁场数值模拟方法之一。而 Tayor、Mur、Berenger 对 FDTD 法的吸收边界条件进行不断的改进，使得有限空间区域的模拟更为合理。1996 年，爱丁堡大学的 Giannopoulos 博士推出了一种基于 FDTD 法的探地雷达正演模拟软件，应用于探地雷达的成像研究，软件的源代码初源于他本人关于 GPR 成像研究的博士论文。在国内的电磁场基本原理与应用方面，何兵寿等（2000）建立了二维探地雷达 FDTD 数学模型，导出了理想频散关系和超吸收边界条件，并把它用于探地雷达的数值模拟，取得了满意的效果。刘四新等（2009）对有耗介质的吸收边界进行修正得到通用完全匹配层边界，该边界适用于正演模拟。肖明顺、詹应林等（2008）研究了二维 UPML 边界的探地雷达数值模拟等。张小明（2014）、李少杰（2020）等基于时域有限差分法，实现了电磁波的正演模拟。崔凡等（2021）采用三角网格剖分的时域有限元法对探地雷达做正演模拟。时域有限元法可采用非结构化的拓扑网格对求解区域进行网格划分，选择三角形网格剖分物性区域可进一步解决矩形网格剖分对物性参数分布复杂以及几何特征不规则模型适应性差的问题。

潘磊（2021）等利用 Gprmax 软件编程进行探地雷达数值模拟，研究了大体积混凝土地下空洞病害在不同中心频率、不同埋深、不同形状空洞、不同土壤介质含水率、不同空洞填充物因素下雷达特征图像。

随着数值模拟的理论和技术的愈加完善，其可以对结构的缺陷模型进行正演模拟，用于指导工程检测的探地雷达数据解释，积累经验和资料，提高判读的准确性和精度。

（5）大型地下洞室围岩稳定监测反馈信息决策新技术

在岩石工程勘测与设计中，为了尽可能准确、真实地模拟和分析结构及基础岩体的应力、变形及稳定性，必须要得到真实的岩体力学参数。动态设计与反馈分析是根据工程实施过程中现场监测的实际数据，对设计阶段采用的参数进行实时调整，并对工程结构的变形及稳定性重新评价，甚至调整、修改设计方案。

针对大型地下洞室开挖中频繁出现的局部失稳问题，江权等（2008）提出了围岩局部不稳定问题的实时动态反馈分析方法，并以锦屏二级水电站地下厂房为例，阐述了理论跟踪分析与工程调控相结合的新途径。胡斌等（2005）对龙滩左岸边坡泥板岩体建立蠕变模型，以实际变形监测资料为目标，采用遗传−神经网络方法对蠕变参数进行了智能反演分析。此外，朱合华等（2006）依据施工计划建立了模拟动态施工过程的有限元模型，可较为精确地预测位移。

反馈分析方法能够预测真实岩体的变形及其他力学特性，指导设计、施工和加固措施，为工程的安全稳定提供保证。王国欣等（2006）以杭千高速公路横路头隧道洞口为例，分析了滑坡产生的过程并针对监测数据做了动态反馈，同时检验了施工单位的加固措施效果，并通过有限元计算模拟了整个滑坡的过程。杨会军等（2004）以甘肃省兰临高速公路隧道实例，对施工中围岩的收敛变形、拱顶下沉和围岩压力等测量数据进行了曲线分析，并动态反馈于施工过程中，指导隧道施工穿越断层。常聚才和谢广祥（2009）通过对深部岩巷开挖后围岩应力演化特性、变形破坏规律的分析，揭示了深井岩巷围岩稳定性控制机制；提出了锚网索刚柔耦合及围岩整体注浆加固支护技术，并在施工过程中通过反馈信息进行参数优化，较好地控制了深部岩巷围岩变形。

在此基础上，多位学者对反馈分析法进行了研究和改进。如以位移反馈法为基础，引入优化反演思想及结构模量与结构缺陷度的概念，建立等效横观各向同性边坡体的地层参数优化反演的有限元方法，可快捷可靠地搜索到地层参数反演的最优值（刘迎曦等，2001）。冯夏庭等（2007）结合人工智能、系统科学、岩石力学与工程地质学等多学科交叉，提出了岩石工程安全性的智能分析评估和时空预测系统的思路以及岩石力学参数反分析方法。朱维申等（2011）结合工程现场的开挖进程开展反馈应用分析等。

（6）大型地下洞室围岩稳定性分析和综合评价方法

地下洞室稳定性问题是一个复杂的非线性力学问题，通常伴随着非均匀性、非连续性变形和大位移等特点。影响围岩稳定性的因素主要有两大类：天然地质条件和工程因素（于学馥，1982；崔玖江，2001；习小华，2003）。其中天然地质条件包括初始地应力场、地下水、地质构造和围岩结构；工程因素包括洞室的位置和方向、各洞室间的相对位置和洞室尺寸、洞室形状、开挖顺序、支护方式和开挖工艺等。

地下洞室的稳定性分析可以从定性、定量和可靠度等方面考虑，主要包括洞室的整体稳定性分析和洞室局部块体的稳定性分析。近年来，随着岩石力学理论和测试技术的发展、电子计算机技术和有限元方法的推广与应用，以及广大科研工作者的不懈努力，不断涌现出新的研究方法，在研究岩体的构造和力学特性、地下工程围岩失稳机理和支护结构的受力机理、探讨新的设计理论和方法等方面取得了许多可喜的成果（王建宇等，1990；冯紫良，1993；谢和平等，1999；任青文等，2001），为围岩稳定性评价提供了更多的途径。但作为地下工程的根本问题之一的围岩稳定性分析，目前并没有形成统一的理论，对围岩稳定性的评价，大多仍停留在定性或经验性水平，主要是结合具体地质条件和工程情况要求，采用多种方法综合评价（景诗庭，1995），所以有必要对目前地下洞室稳定分析方法进行总结，了解其优点和不足，从而有助于在工程实践中做出正确的判断。

1）地下洞室围岩稳定性的定性分析方法。地下洞室围岩稳定性的定性分析可分为整体稳定性分析和局部稳定性分析两个方面。洞室整体稳定性评价的方法主要有经验类比法和岩体结构分析法；局部稳定性分析方法主要有块体稳定性赤平投影分析法、实体比例投影分析法和块体结构的矢量解析方法。

2）地下洞室围岩稳定性的定量分析方法。地下洞室围岩稳定性定量分析基于应力、变形、塑性区等具体特征数据，应用力学原理和方法对洞室围岩稳定性做出定量评价。适用于围岩整体稳定性评价的方法有基于理论解的方法和基于数值解的方法；适用于围岩局部稳定性评价的方法主要有基于刚体极限平衡的 K 法。

3）可靠度、破坏概率稳定性分析方法。通过引进概率论、随机理论来评价洞室的稳定，避免了安全系数的绝对性，只要破坏概率在许可的范围内，达到人们可以接受的程度，即为稳定。影响地下洞室围岩稳定性的因素主要为地层岩性及其产状、构造结构面组合形态、地应力状态以及水的赋存情况等，这些因素具有很大的不确定性。传统分析方法用一个笼统的安全系数来考虑众多不确定性的影响。虽然某些参数（如材料强度等）取值时也用数理统计方法找出其平均值或某个分位值，但未能考虑各参数的离散性对安全度的影响。数理统计和概率方法在结构设计中的成功应用，鼓励和启发了隧道工作者寻求用概率方法研究地下工程中各种不确定性并估计其影响。目前分析方法主要有随机有限元法、蒙特卡罗法（Monte‒Carlo）和响应面法（Response Surface Method）。虽然可靠度分析方法应用已很广泛，但是仍然受到一些岩土工作者的反对和质疑，原因在于岩土工程本身的机理比较复杂，有些问题还未充分认识。岩土工程概率分析方法还处于发展阶段，不少概念还很不明确，计算方法也不够简便。这些困难也促使一些岩土工作者潜心钻研，吸收建筑结构概率分析的成果，针对地下工程的特点开展专题研究，虽未完全解决技术上的关键，但也取得了许多可喜成果。研究表明，概率和可靠度分析方法对不确定性越严重的问题，越能显示其活力。

4）物理模型试验和现场量测方法。物理模拟必须遵循相似性原则，即无论是设计与原型相似的模型，或者将模型试验的结果推展到实际工程应力状态的判定，都必须按照相似性原则进行。但在实际工作中要想做到物理模拟的全面相似几乎是不可能的，也是不必要的，只要能满足研究所需要的主要特征，解决主要矛盾就可以了。也就是说，在设计相似模型时，抓住关键的几项相似性也就达到了解决实际问题的要求。

现场量测是新奥法的三大支柱之一。地下工程信息化施工主要是以现场量测为手段的一种设计、施工方法，这种方法的最大特点是可在施工时一边进行隧道围岩变形及受力状态的各种量测，一边把量测的结果反馈到设计、施工中，从而最终确定施工方法、开挖顺序和支护参数，使设计、施工更符合现场实际。对于地下工程稳定性的监测与预报是保证工程设计、施工科学合理和安全生产的重要措施。隧道新奥法施工技术就是把施工过程中的监测作为一条重要原则，通过监测分析对原设计参数进行优化，施工中坚持预探测、管超前、严注浆、小断面、短进尺、强（紧）支护、早封闭、勤量测的24字方针。

5）地下洞室围岩稳定性研究发展趋势。洞室围岩稳定性分析是多学科理论方法、专家经验、监测量与计算机技术综合集成的科学。洞室失稳是一个极其复杂的力学过程，在实际工程中更是受到了许多因素的影响。通常伴随着非均匀性、非连续性变形和大位移，因此洞室围岩稳定性问题是一个高度非线性的问题。20世纪70年代以后发展起来的非线性理论，如分叉、分形、突变理论等正成为解决非线性问题的有力工具。

近年来，有关岩石破坏、失稳、突变的分叉与混沌研究，也为围岩失稳分析提供了新的理论方法。随着计算科学及相关学科的进一步发展，其理论计算结果将更具有实际意义。要对洞室围岩稳定性问题有比较全面、深入的认识，就必须依照实际情况，从专业的思维定势中解脱出来，用系统的方法加以研究。因此，在进行地下洞室稳定性判断时，必须参考既有洞室稳定性判据的实践经验，同时结合实际工程中各量测值随时间变化的规律，才能做出正确的判断。

2. 精细边坡开挖技术

随着国家基础建设如火如荼地不断开展，人类对土地资源的过度开发，对边坡扰动造成的崩塌、滑坡、泥石流等问题越来越严重，现已成为同地震和火山爆发相提并论的全球三大灾难之一。因此科学研究边坡稳定性问题，已成为重要的岩土工程研究方向和课题，并将为生态环境的保护与恢复、土地资源的综合开发及利用、国家经济发展的可持续性等关系国计民生的重大战略发展打下基础。

岩质边坡不同于一般的土质边坡，岩质边坡由各种岩石以复杂多变的结构面通过不同的组合方式组成。此结构具有不连续性、多边性和各向异性，不能简单地看成整体，因此对岩质边坡的岩土强度破坏、变形失稳及加固处理等问题的研究既离不开土力学、岩土力学、工程数学、工程地质学的许多理论方面的支持，也离不开先进的计算机技术和岩土工程的各种测试手段的应用。对于这项综合课题的研究和探讨是现在和今后迫切需要发展和创新的。精细边坡开挖如图 3-4 所示。

（1）工程边坡稳定综合分析方法

现代理论深化发展阶段（从 20 世纪 80 年代至今），岩土工程界认识到岩体结构"连续"和"不连续"介质的实质及其在岩体力学作用中的重要性，并对此展开了大量研究。国内学者谷德振（1979）等就岩体结构与结构面力学效应

图 3-4　精细边坡开挖

等理论做出大量研究，提出了工程地质力学的学说。与此同时，随着计算机科学的快速进步，开始出现用于岩质边坡稳定性分析计算的数值计算方法，最早最主要的是有限元法（FEM），其使得现代岩石力学理论用于岩土工程分析变成实际。随后现代岩石力学的研究领域不断扩大，开始逐渐强调其在工程实践中的应用，重视岩体的测试技术和监测技术的发展。

　　从 20 世纪 80 年代开始，数值计算方法出现快速发展，在岩质边坡稳定性分析中不断涌现出各种极限分析法，如离散元法（Discrete Element Method，DEM）、有限差分法（Finite Difference Method，FDM）、边界单元法（Boundary Element Method，BEM）、连续变形分析（Discontinuous Deformation Analysis，DDA）、流形方法（Manifold Method，MM）、无单元法（Meshless/Element-Free Method）等，这些分析法真实考虑了岩体非线性、弹塑性、非连续性等特点，并借助计算机技术为复杂的力学模型进行求解，其结果更加真实可靠，已成为岩石分析计算的主要手段。现代计算机科学技术的飞速发展同时也带动了现代信息技术及周边理论的发展。

20 世纪 90 年代开始，针对岩体结构和赋存条件的复杂性和多变形而提出的不确定系统理论逐渐被学者们重视并研究，如模拟数学、人工智能、灰色理论、神经网络、非线性理论等为不确定研究方法和理论体系的建立提供了技术支持。尽管这些理论还不成熟，实践应用与反馈研究不够系统深入，但是新思维新方法的提出为岩体力学的研究寻找到新的方向，这将大大加快岩体力学与岩土工程的发展脚步。

采用反分析法研究岩石工程是一大趋势。许多学者结合现场监测数据和智能算法等手段，取得大量研究成果。张玉明（2018）采用改进的支持向量机对三峡库区马家沟滑破体开展了渗透系数智能反演分析，研究了库水位周期波动和降雨等因素影响下滑坡体的应力场与位移场动态响应并评估了抗滑桩防治效果。孙阳（2019）结合现场监测数据提出了基于 Pareto 多目标优化的岩石变形参数反演分析方法和考虑高边坡开挖过程的贝叶斯概率反分析方法。郑翔天（2019）结合边坡雷达数据，提出了边坡雷达监测图像的先验联合地址统计学反演预警模型形变参数的方法。邓超等（2020）基于大数据智能计算的优点，提出了一种结合变量遗忘因子的正则化在线序列极限学习机模型的岩质边坡稳定性评价和参数确定方法。王艳昆（2020）基于贝叶斯定理，提出了考虑滑面不确定性的滑坡滑面抗剪强度参数概率反分析的框架。以上研究成果不但大大地提高了人们认识和分析岩石边坡安全性的能力，也促进了岩石工程稳定性分析理论和应用的发展及岩石工程监测预警和数值模拟分析一体化。

（2）边坡勘测、监测新技术

边坡监测项目一般包括：地表大地变形、地表裂缝位错、地面倾斜、裂缝多点位移、边坡深部位移、地下水、孔隙水压力和边坡地应力。按照监测方式，可以分为简易观测法、设站观测法、仪表观测法和远程监测方法。

按照监测仪器与监测对象，边坡常用的监测方法有：坡表测量（经纬仪、水准仪、测距仪和全站仪等）、坡体内部测量（钻孔倾斜仪、锚索测力计和水压监测仪等)、位移计、GPS 监测、红外遥感监测（SAR）法、激光微小位移监测、合成孔径雷达干涉测量、光纤位移测量、时间域反射测试（TDR）技术、声发射监测技术、微震监测技术等。在岩土工程边坡监测方面，许多专家学者做了大量的研究探索，并取得了一系列重要的成果，特别是诸如新滩、链子崖、黄蜡石等边坡工程的监测，为成功预测预报滑坡灾害提供了关键支持。

边坡安全监测主要体现在：对安全监测的内涵及其对工程意义的理解和认识更加全面、深入；数据智能处理与数据动态管理方法、进行实时监测、安全预警和可靠性预测成为监测仪器的发展方向；安全监测的尺度更大、范围更广，数字摄影、GPS、GIS 和 INSAR 等新的监测技术手段在边坡监测中不断推广应用。但这些方法不同程度地受一些因素的制约：GPS 监测需要设置信号，系统庞杂，受大气层和电离层等电波干扰产生信号延迟，受周围环境的电波或者电磁波的干扰而影响接收精度，不适合对微小形变进行测量或者早期预警；红外遥感监测则受电波、电磁波的影响，不能进行连续监测，受外界地形地貌的影响比较严重；光纤位移监测主要进行表面测量，对边坡进行测量时受边坡外部结构的影响，将产生变形。全站仪不但受地形地貌影响，且不能对边坡进行实时监测。

现有边坡监测系统不论是 GPS 系统、SAR、红外遥感，还是光纤维位移测量，大多数都是对可能发生边坡失稳的部位进行边坡表面位移监测。近年来，声发射（微震）监测技术能够及时发现岩体内部破裂，评价岩体稳定性；何满潮等（2004）研发的基于边坡深部滑动面上滑动力变化的远程实时监测系统具有集加固、监测、控制和预报多项功能的独特优点，实践中取得了能准确地预报滑坡的良好效果，起到了为矿山安全开采保驾护航的重要作用。

（3）高边坡开挖料的全利用技术

开挖有用料是指工程开挖产生的土石料经分选后能够用作混凝土骨料或可用于大坝、围堰填筑的料物。对于混凝土坝，开挖有用料一般可用作混凝土骨料及围堰填筑料。开挖有用料其实是"废物利用",它的充分利用,不仅能够减小弃渣规模、减少水土流失、削减石料场开采量,而且能够加快工程建设,节约投资。

以小湾水电站为例,小湾工程明挖料主要出自坝肩、坝基、水垫塘和二道坝开挖。由于大坝混凝土采用缆机浇筑方案,坝肩开挖不仅要清除坝肩不稳定岩层,同时还须开挖出缆机平台及供料平台,这导致坝肩开挖较深。边坡下部区域均开挖至弱风化岩层或新鲜岩层,石方开挖所占比例较大,且容易分选。此部分料物可根据地质剖面图及开挖剖面图确定各部位有用料物与无用料物的分界线,即弱风化线以上区域为无用料,以下区域为有用料。当然有用料中同样需要扣除断层、蚀变带等属于Ⅳ类、Ⅴ类围岩的料物。水垫塘、二道坝由于开挖深度不大,且岩层多为河床冲积层,可用料物不多,全部按无用料计算。

工程中部分弃料(即无用料)可用于某些临时工程或永久工程的次要部位,如围堰填筑、回填工程、当地材料坝坝体次堆石料区等,通常也将这部分弃料称为开挖有用料。小湾水电站工程上、下游围堰为土石围堰,对非防渗填筑料要求不高,可直接从弃渣场中获取。

(4)工程高边坡生态修复技术

由于水利、公路、铁路等大量基础工程的施工开挖,形成了许多裸露土坡和岩质边坡,使原有生态系统遭到破坏,导致严重的水土流失和生态环境失衡问题。一些工程使边坡的生态环境完全破坏,靠自然演替恢复到原来的状态往往需要较长时间。近些年,各国陆续开发了针对岩质边坡的绿化技术和方法,取得了较好的绿化效果、生态效益和社会效益。

边坡生态恢复又叫"植物固坡""坡面生态工程",国外定义为"用活的植物,单独用植物或者植物与土木工程和非生命的植物材料相结合,以减轻坡面的不稳定性和侵蚀",其途径与手段是利用植被进行坡面保护和侵蚀控制。目前,工程界更直观地把它称为"生态护坡"。据张毅功研究,种植地锦(Parthenocissus Tricuspidata）可有效防止片麻岩荒山和黄土沟坡的滑坡和崩塌。但单纯的植被护坡一般只适用于土质较好、坡度较低的土质边坡，对岩质边坡和较陡的边坡往往不适用。张金池和胡海波认为，可通过生物工程等综合措施防止这些地质灾害，减轻水土流失，并提出了植被建设的途径和方法。

由于岩石边坡本身具备相对比较好的稳定条件，通常都采用了大坡比的设计，致使边坡较为陡峻，加之岩石边坡含水性和持水性较差，在这类边坡上进行生态的恢复难度很大。在发达国家和地区，已普遍采用生物防护及生物与工程措施相结合的生态防护技术，而且研究系统，技术先进。例如西欧及美国采用在崖面上挂轮胎，同时在轮胎中覆土来恢复植被；韩国则采用扎草棍固定在坡面上并覆土的办法来解决裸岩复绿问题；由于种子喷播法及植生带法只能实现人工草绿化，日本推崇与自然协调、能持续繁衍的树林化方针，故多使用客土喷播法。目前，日本客土喷播绿化已开发 20 多种施工方法，技术日趋完善，会员施工公司发展到几百家，被誉为"从种子到树林的再生技术"。客土喷播法原是以高次团粒结构（SF 绿化施工法）为基础，现已发展到混入黏着性植物纤维的 TG 绿化施工法及混入培养当地表土的 ER 绿化施工法，以及从传统农业发展而来的加入长 3~5 cm 稻草作为覆盖料的 MF 绿化施工法。日本的绿化施工使用机械或人工实施。机械施工包括种子喷播法、客土喷播法、厚层基础材料喷播法、飞播绿化法等；人工施工包括植生带、网法、肥料袋法、植生土袋法等。

我国生态修复技术多效仿国外，尤其是日本的客土喷播技术及喷混植生技术等。经过多年矿山生态修复实践，也总结出一些适宜当地的矿山生态修复技术模式，但多是应用技术，对于生态修复系统应用技术试验研究较少。沈烈风（2012）根据不同坡度将生态修复技术进行分类：小于 40°坡面采取喷混植生技术、土壤生物工程技术、柔性边坡技术、挂绿化笼砖；40~75°坡面采用植生槽、阶梯爆破技术、厚层喷射法、爆破燕窝复绿法、喷播、筑台拉网法；大于 75°坡面则采用造景等方法。

（5）高边坡综合治理技术

高边坡综合治理的作用是改善边坡的力学平衡状态，提高边坡的稳定性，保护环境。高边坡综合治理治理的方式可分为两类，即预防性处理和补救性处理，前者适合于潜在不稳定边坡，后者适用于正在变形破坏的边坡和已破坏的边坡。边坡治理措施选择的原则是保障安全、节省投资、施工方便，同时考虑实施后应达到协调周围环境、保持生态平衡的效果。高边坡综合治理设计的基本原则是因地制宜、综合设计、就地取材、防治结合、确保施工。在总体治理方案考虑中，应结合边坡条件和风险评价结果，在接受风险、避免风险和减小风险三种方案中选择。影响边坡稳定性的主要因素是边坡的岩土结构与性质、坡形以及水的作用，确定边坡具体治理方案时应针对这些因素进行综合考虑和权衡。

当前，国内高边坡综合治理技术研究已经进入对水电工程高陡边坡全生命周期安全控制研究阶段。周创兵（2013）在回顾研究现状的基础上，紧扣高陡边坡性能演化与安全控制这一主题，以全生命周期为研究主线，阐明了高地应力区高陡边坡岩体工程作用机制与效应、复杂环境下高陡边坡变形与稳定性演化机制、高陡边坡全生命周期性能评估与安全控制理论等关键科学问题及其重点研究内容，论述了水电工程高陡边坡全生命周期安全控制研究的学术思路与技术路线，介绍部分阶段性研究成果，对高陡边坡开挖锚固与渗流控制等工程作用效应、高陡边坡岩体时效力学特性、边坡与坝体–库水相互作用与稳定性演化机制以及高陡边坡全生命周期性能评估与安全控制等进行了展望。

3. 复杂环境条件下爆破开挖技术

随着我国水利水电项目建设的重心逐步转向西部，许多大型水利水电工程均坐落在大西南的高山峡谷地区，这些地区的边坡一般高而陡，地势险峻，地质条件差，开挖技术要求高。因此需要研究复杂环境条件下的轮廓开挖控制爆破技术；地下工程开挖爆破设计的仿真系统的开发；精细开挖爆破成洞和锁口技术；开挖料符合坝体填料要求的全利用控制爆破技术；爆破安全影响的评价和控制标准；爆破对高边坡稳定影响的控制爆破技术及动态稳定分析等关键技术。大坝的爆破拆除如图 3-5 所示。

图 3-5　大坝的爆破拆除

（1）复杂环境条件下的轮廓开挖控制爆破技术

对水利水电工程来说，质量良好的轮廓面至关重要，部分轮廓面属于永久保留壁面，还有部分轮廓面属于建筑物的建基面，对壁面的要求都非常高。20世纪80年代末90年代初，随着深孔爆破的推广，轮廓爆破开始萌芽，比较有代表性的就是预裂和光面爆破技术。该技术一方面可以减小爆破有害效应对保留岩体的危害，另一方面也可以使留下来的边坡具有平整的壁面，省掉了大量的预留保护层开挖，使边坡工程量减小了，同时由于爆破后边坡光滑平整而减少了支护，效益和效率大大提高。预裂爆破可以先期形成预裂面，还可以起到一定程度的隔振作用，小湾水电站预裂隔振率大致在之间，也证明了预裂爆破对边坡开挖的重要意义。现在深孔台阶爆破和轮廓爆破的组合爆破技术已经成为水电工程边坡开挖的主要手段。

近年来，由于对病险水库增建水工隧洞进行二次开发，如扩机发电、城市供水、除险加固、取水灌溉和利用洪水资源等，可以增加水库的调蓄能力、放空水库多蓄洪水、提高水头扩机发电及保证城市供水，充分利用水资源，使得国民经济可持续发展。增建的水工隧洞进口常位于水面以下数十米甚至百米深处。常规方法施工是先在湖中修筑围堰将进水口围起来，再把围堰内的水抽干，然后在没有水的条件下开挖进水口及衬砌等施工，最后等水工隧洞及附属设施全部完成之后再拆除围堰，这种常规方法需降低库水位，水量损失大，如湖南东江某取水工程，采用围堰方案需降低水位，减少发电 2 亿 kW·h，此外，有的工程甚至不允许降低水位。当水深超过 20 m 时，如采用挡水围堰方案，其爆破风险及费用将成倍增加甚至不可行。水下岩塞爆破不受水位消涨和季节条件的影响，可省去工期长、成本高的围堰工程，施工与水库的正常运行互不干扰，是一种适合深水条件下的引水洞进口方法。

国内外的大量工程实践已经证明水下岩塞爆破是一个切实可行、经济而迅速的施工方法。当采用水下岩塞爆破技术修建水工隧洞进水口时，首先要按常规施工修建水工隧洞及附属设施，水工隧洞修建到库底或者接近迎水面时，预留一定厚度的岩石，即岩塞。水下岩塞爆破技术的基本技术要求：一次爆通；岩塞进水口成型良好，以保证水工隧洞进水口具有良好的水力条件和长期运行的稳定性；确保岩塞进水口附近水工建筑物的安全，即"爆通、成型、安全"。

水下岩塞爆破技术比较复杂，所涉及问题较多，如水下地形、地貌的测量、水下爆破器材的性能、岩塞爆破的方式、岩塞掏槽的方式、岩塞轮廓面控制爆破的方式以及施工质量等，国内外对于水下岩塞爆破进行专门研究的科研机构和单位较少。其所涉及的轮廓面控制爆破技术相关领域，国内外学者做出了一些不错的研究成果。

凌伟明（1990）建立了轮廓面控制爆破的断裂力学模型，分析了爆炸应力波和爆生气体准静态压力在岩石爆破破裂过程中的作用，通过 CSA 有限元计算程序计算了径向裂纹周围应力和裂纹应力强度因子，研究了轮廓面控制爆破破裂过程中的断裂特征，得出了轮廓面控制爆破效果很大程度上取决于在爆生气体准静态压力作用下径向裂纹的扩展过程的结论，为了解光面爆破和预裂爆破机理提供了一定帮助。

李彬峰、潘国斌（1998）从轮廓面控制爆破技术的基本概念入手，阐述了其爆破机理，借助于理论和经验，重点讨论了有关参数的选取。

戴俊等（2005）以初始裂纹尖端形成的应力集中因子为研究工具，分析了原岩应力条件下定向断裂轮廓面控制爆破炮孔间贯通裂缝的形成机理，得出了在高原岩应力条件下，炮孔内爆炸载荷作用使定向断裂预裂爆破炮孔壁裂纹形成的方向多数情况与炮孔间连线方向不一致，不利于降低轮廓面控制爆破对围岩的损伤，也不利于炮孔间裂纹的扩展，实现较大的轮廓炮孔间距；应优先考虑采用定向断裂光面爆破，其有利于控制只在炮孔连线方向上的岩石中形成裂纹，达到有效降低轮廓面控制爆破对围岩的损伤。

刘舍宁（2007）从轮廓面控制爆破技术的发展、爆破参数的设计以及施工和质量标准等方面介绍了国外的轮廓面控制爆破技术，为轮廓面控制爆破技术在工程上的应用提供了参考。

黎卫超（2014）以弹性力学理论为基础，考虑轮廓孔或者隧道开挖引起的地应力二次分布的效应，分析了地应力对轮廓面控制爆破的影响；以工程实例为背景，不断调整炮孔间距、线装药密度、最小抵抗线等爆破参数，进行了多次轮廓面控制爆破试验，最终获得了合理的轮廓面控制爆破参数。对轮廓面控制爆破试验的结论进行了总结和分析，得出了轮廓面控制爆破相关参数；用AN-SYS/LS-DYNA软件进行数值模拟，研究了地应力对轮廓面控制爆破的影响，以及两者之间的区别，得出有利的轮廓面控制爆破方式，并用于指导工程实践，提高工程效率。

轮廓面控制爆破研究未来应考虑岩石材料的非线性、非均质以及多节理裂隙等特点，以岩石的动态破坏为准则，研究地应力对轮廓面控制爆破的影响；应研究如何得到更切合实际的材料模型，如何界定材料的破坏状态以减少误差，使数值仿真模拟更接近实际，推进工程爆破数值仿真模拟的实用化；应定量研究地应力的影响，考虑毫秒微差爆破这一实际情况，研究在地应力条件下，轮廓面的起爆顺序是否对轮廓面的成型有影响。

（2）地下工程开挖爆破设计的仿真系统的开发

国内外在计算机辅助爆破设计方面业已进行了有益的尝试和探索，并取得了一定的积极进展。加拿大、澳大利亚、美国、英国等国家相继推出了一些有代表性的矿山模拟和矿业应用软件系统，如基于 UNIX 的 LYNX、Vulcan（MapTec）、DataMine、Mincom、Medysystem、PC‒Mine、Surpac、M. Keagles，基于 PC 的 Micromine、Gemcom、Mincom、MineMap、LYNX、Vulcan 和基于 NT 的 Vulcan。这些软件涉及的领域包括矿山模拟、矿业应用、开采评估、设计规划、生产管理等，并在世界许多采矿国家得到实际工程应用。

目前，对于模拟爆破与爆破冲击波的系统模型主要有三类，即经验模型（或关联模型）、现象模型（或物理模型），以及计算流体动力学（CFD）模型（或数值模拟模型）。三类模型的不同之处在于其所用的几何形式、被爆物体类型和采用的爆破原理。经验模型是基于已有领域的经验数据关系分析，并借用这些经验数据及其关系，通过比例定律对给定爆破设计压力、距离和压力、时间曲线，最终得到新模型的结果。与其他几类模型相比，经验模型较少强调物理相关性。现象模型对给定的几何物用较为粗糙的逼近法求解，当然也会包含一些物理性质方面的改进，因此它的效果通常比经验模型好。CFD 方法则是将离散化求解域模型表示为物体几何形状，并利用数值计算方法求解一系列控制爆破过程的偏微分方程。一般 CFD 解包含许多参数，包括压力、流动行为、速度、密度、黏性系数和衰减等，因此这些模型通常计算量非常大且耗费资源。

关于爆破参数的设计，大多研究工作是针对某种特定的对象和爆破方法，结合人工智能算法优化爆破参数，如粗糙集和人工神经网络来训练关键的爆破参数。根据成功爆破经验，基于模糊神经网络来优化学习结果、优化爆破参数，其工作效果达到专家团队的级别。这些方法在自学过程中，模型完全利用了成功案例的优点，并回避了它们的缺点。所以如果优化模型用于设计工程爆破，它可以缓解爆破专家经验上的限制和缺陷，减少不好的爆破效果，甚至避免爆破灾害的发生。然而，这些方法也有一定的限制，优化模型的质量与输入的学习示例的数量和质量有紧密的联系。在学习样例的数量限制上，神经网络很难确保精确性。

为了实现爆破过程中的复杂效果，使周边环境能参与交互，许多研究者开始研究模拟流体及其运动。Foster 和 Metaxas 通过将场景分割成一个个称为体元的立方体，实现了一种求解 Navier-Stokes 方程（NS 方程）的有限积分法。以这些体元为媒介生成力和速度，并在体元之间传播流体运动。他们的研究将计算机图形学领域领进了可计算的流体动画中，而基于物理的流体动画也迎来了一个前所未有的飞跃。然而，Foster 和 Metaxas 的方法不是完全稳定的，Stam 提出了一种半拉格朗日法算法，消除了 Foster 有限积分法的缺点。因为前一个时间步的最大速度限制了每个时间步的速度值，该方法保证了流体的稳定性。而且，Stam 将质量守恒加入流体模拟，时间步不再受场景复杂度的限制，实时的流体交互也不再是不可能的。但是，确保稳定性的代价是流体质量和速度的耗散，为了解决数值耗散的问题，Fedkiw 等人在 Stam 稳定的流体系统中加入涡旋流细节。

近年来还有一些流体模拟算法优化的研究工作。例如采用八叉树、四面体网格、Voronoi cell、tall cell 等适应性网格来突出流体的重点区域等。

爆破的模拟肯定少不了物理破碎的仿真及其与流体之间的交互。在计算机图形学应用中，破碎常常是通过基于物理的方法研究和实现的。通过外力的作用得到破碎的初始点，然后根据物理模型判断是否分裂并更新物体应力和应变值。虽然这些模型产生物理上真实的效果，但是它们的计算量很大。

近十几年，在物体变形、破碎研究领域贡献较大的是 O'Brien 和 Hodginsl 提出的一种创造性的方法，一种基于应力映射和四面体有限元模型的 3D 脆性断裂模拟方法，之后作者又将这种方法扩展到塑性断裂并应用到了游戏领域；也有研究者为了解决计算时间问题提出许多加速算法，例如 Molino 等人提出了一种虚拟节点算法，Paulv 等人提出的无网格方法。

除了以上基于物理的物体变形模拟算法，运用刚体运动的模拟方法也能得到很好的物体破碎效果。不仅在力学还是计算机图形学领域，刚体模拟都有很丰富的历史。Guendeiman 等提出了一种时间步机制处理刚体碰撞接触，并在一个时间步用松弛迭代法处理一次碰撞。还有一些作者针对能量守恒作为研究的突破，用一些控制约束结合刚体运动，为刚体模拟提供了很好的稳定性。

随着可编程图形硬件和绘制技术的不断发展，结合网络、爆破优化理论等技术，爆破设计仿真系统的模拟准确度和功能上还可进一步地增强和扩展，最终通过计算机技术实现爆破设计的系统化、标准化、自动化，以及管理实施的标准化，这是爆破设计仿真系统未来的发展方向（张华，2013；罗英杰，2005；周创兵，2013；黎卫超，2014）。

（3）精细开挖爆破成洞和锁口技术

1）精细爆破技术体系。精细爆破技术体系包括目标、关键技术、支撑体系、综合评估体系和监理体系五个方面。

精细爆破的核心即关键技术，主要包括四个部分，即定量化设计、精心施工、精细管理和实时监测与反馈等。

① 定量化设计：包括爆破对象的综合分析、爆破参数的定量选择与确定、爆破效果和爆破有害效应的定量预测与预报。

② 精心施工：包括精确的测量放样、钻孔定位与炮孔精度控制、爆破设计与爆破作业流程的优化。

③ 精细管理：运用程序化、标准化和数字化等现代管理技术，实施人力资源管理、质量安全管理和成本管理等，使爆破工作能精确、高效、协同和持续地工作。

④ 实时监测与反馈：包括爆破块度和堆积范围等爆破效果的快速量测、爆破效应的跟踪监测与信息反馈以及基于反馈信息的爆破方案和参数优化。

2）精细爆破技术在地下洞室开挖中的应用。三峡、小湾、溪洛渡和向家坝等大型水电工程，均涉及大跨度地下厂房洞室群开挖，其岩锚梁及洞室直立高边墙的成型爆破，堪称精细爆破的典范。

3）基于物联网的智能爆破。智能爆破是以物联网为核心的新一代信息技术为基础，实现对爆破行业全生命周期的数字化、可视化及智能化，将新一代信息技术与现代爆破行业技术紧密相结合，构成人与人、人与物、物与物相连的网络，动态详尽地描述并控制爆破行业全生命周期，以高效、安全、绿色爆破为目标，保证爆破行业的科学发展。

4）精细爆破未来发展。

1）重视对现有的岩土力学、爆炸力学、冲击动力学等学科的基础理论研究，为控制炸药爆炸所释放的能量与定量化的设计提供理论支撑。构建各种介质在爆炸载荷作用下的本构关系，逐步探索出与介质相匹配的炸药类型、装药结构、起爆方式等实用技术，以期提高炸药利用率，减少炸药在转化过程中的损失。

2）提高施工设备质量。随着越来越多的矿山进入深部开采，对凿岩要求在不断提高。同时在隧道施工中也需要应用凿岩设备，而我国在施工设备研发方面还存在一些不足，主要表现为产品种类较少、智能化程度低、工作可靠性及精度不高等方面，这需要我们不断吸收国外先进设备的发展经验，以期提升我国凿岩设备的竞争力。

3）加快爆破技术，智能化技术研究。让现代智能技术与爆破技术融合发展，为精细化爆破技术开辟新思路。基于云计算机技术，构建多层次、多维度的爆破行业数据库，实现信息共享，为智能化爆破研究提供支持。利用云计算的大量、多样、精确、高速的优势对所选参数和方案进行高效比对、筛选，深入探索数据之间的规律，及时发现设计漏洞，对爆破方案进行优化。智能化的模拟软件与云计算的完美结合，试验成本、人为误差会大幅度降低，安全性高。

5）锁口技术。隧洞进出口开挖，由于覆盖层较薄，难以靠围岩的弹性抗力作用达到自身稳定的要求，因此隧洞进洞锁口施工是隧洞施工的关键，如图 3-6 所示。直接进洞的施工方法，进行短进尺爆破，其施工流程为洞脸边坡锁口支

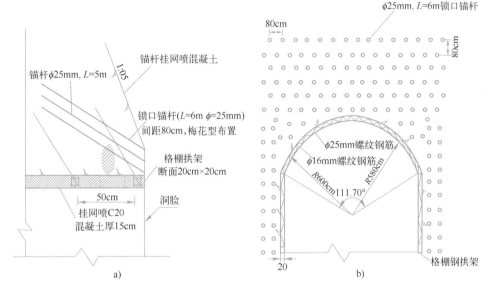

图 3-6　进出口进洞锁口图

a）导流洞进出口临时支护剖面图　b）导流洞进出口格栅支护立面图

注：①格栅拱架由 $\phi25$ mm 及 $\phi16$ mm 钢筋焊接制成，断面尺寸为 15 cm×15 cm，
施工时根据洞口地质情况 50～100 cm 间距布置；

②洞脸锁口锚杆 $\phi25$ mm、$L=6$ m，间距 80 cm 梅花形布置，锚杆与锚杆之间
采用 $\phi16$ mm 的钢筋进行连接，并喷射 15 cm 厚的混凝土；

③格栅拱架安装时应与洞内描杆焊接成一体。

护、钻爆、进尺。导流洞进出口的进洞施工措施基本一致,首先采用全站仪对洞口部位进行准确测量放样,并用红油漆醒目标示,然后按照审批的施工方案进行施工。在测量放样出来的洞脸部位进行布置锚杆并喷混凝土,锚杆采用 $\phi 25\,mm$、$L=6\,m$、间排距为 $80\,cm \times 80\,cm$,锚杆之间用 $\phi 16\,mm$ 的钢筋进行连接,喷射混凝土厚 $15\,cm$。锁口支护完以后,进行钻爆工作。钻孔机械为 YT28 式手风钻,钻孔孔径为 $42\,mm$,孔深 $1.5\,m$,进行短进尺爆破。

(4)开挖料符合坝体填料要求的全利用控制爆破技术

传统的土石方工程爆破中通常采用宽孔距、小抵抗线毫秒爆破技术,该项爆破技术无论在改善爆破质量,还是降低单耗、增大延米爆破方量方面都表现出巨大的潜力。

1)增加爆破漏斗角,形成弧形自由面,为岩石受拉伸破坏创造有利条件。在炮孔负担面积不变的情况下,减小最小抵抗线,则爆破漏斗角随之增大。由于每个爆破漏斗增大,就为后排孔爆破创造了一个弧形且含有微裂隙的自由面。试验表明,弧形自由面比平面自由面的反射拉伸应力作用范围大,有利于促进爆破漏斗边缘径向裂隙的扩展,破碎效果好。

2)防止爆炸气体过早泄露,提高炸药能量利用率。由于孔距增大,爆炸气体不会因相邻炮孔之间的裂隙过早贯通而逸散,提高了炸药能量利用率。

3)炮孔间应力叠加作用减弱,使单孔的径向裂隙得到充分发育,有利于改善岩石的破碎质量。

4)增强辅助破碎作用。由于抵抗线减小,弧形自由面的存在,既可使拉伸碎片获得较大的抛掷速度,又可延缓爆炸气体过早逸散的时间,使其有较大的能量推移破碎的掩体,有利于岩块的相互碰撞,增强了辅助破碎作用。

若要求岩石具有一定的块度,尽量减少粉矿率,则需加大排距、减小孔距,从而减小孔网密集系数。岩石较好的区域采用相对较大的孔网密集系数,岩石较差的区域采用相对较小的孔网密集系数,应根据爆破后岩石块度及时进行调整，当块度较大时，就进一步加大孔网密集系数，当块度仍较小时，再减小孔网密集系数，直到块度均匀、合适。

另外，在起爆方式上采用排间起爆，并且适当延长排间起爆延时时间，最大限度减少岩石间的相互碰撞，同时控制一次性爆破排数。正常台阶爆破排数为 2 排，特殊情况下采用单排爆破，以减少排与排之间岩石的相互挤压和碰撞。

宽孔距、小抵抗线毫秒爆破技术可以较好地破碎岩体，而大排距、小孔距、排间起爆、延长延时时间、单排爆破技术可以最大限度减少岩石间的相互碰撞。通过现场爆破试验，在两种技术手段间调整，总可以找到符合坝体填料要求的爆破参数。

随着开挖爆破设计的仿真系统的开发，通过数值模拟手段确定符合坝体填料要求的爆破方案，将是未来开挖料符合坝体填料要求的全利用控制爆破技术的发展方向。

（5）爆破对高边坡稳定影响的控制及动态稳定分析

1）高边坡开挖爆破技术。我国许多大型水利水电工程均坐落在大西南的高山峡谷地区，这些地区的边坡一般高而陡，地势险峻，地质条件差，开挖技术要求高，因此需要研究复杂地质条件下高边坡台阶爆破及光面、预裂爆破设计理论，爆破边坡质量控制技术及安全标准。由于地形、地质条件等因素的影响，高边坡开挖布置困难，支护和开挖之间相互干扰。为了避免干扰，提高机械的使用效率，只有增大爆破规模，采用深孔大区微差爆破技术。另外，随着开挖台阶的不断下降，边坡越来越高陡。在这种开挖爆破规模大，且边坡高陡、地质条件差的情况下，爆破振动对于高陡边坡的动力稳定性影响问题日益突出。

鉴于高边坡开挖的这种现状，如何控制爆破振动，保证高边坡的安全是必须要解决的一个问题。由于爆破规模不断扩大，尽管采用了传统的毫秒微差爆破技术，在工程实践中仍可能出现振动超标的问题。比如某些情况下，近区的振动得到了控制，而远区则不一定，有时可能因振动叠加效应产生意想不到的危害，再比如高陡边坡对爆破振动的垂直向的放大问题，这些异常现象都与爆破振动的传播和衰减特性有关。

因此，研究爆破振动对高边坡稳定的影响，必须深入了解爆破振动的传播特性。应从爆源出发，分析爆破方案和爆破参数，以及爆破振动的监测成果，在分析的基础上对爆破中远区的振动影响进行定量研究，从而提出相应的爆破开挖方法和振动灾害控制技术，并进行验证。

2）爆破振动控制技术。高边坡开挖中的爆破振动作用特性，除与介质特性有关，还与传播与波形叠加等问题相关。由于微差顺序爆破可以极大地降低爆破振动，保证爆区周围建筑物的安全，大规模微差爆破技术目前在爆破工程中应用得越来越广泛。微差爆破技术在工程实践中的确显著降低了爆破振动影响。但是，当分段数增多时，爆破后因各段地震波的传播途径和延迟时间的差异，导致波群的相互干扰和同时到达，使得爆破振动对保护物的作用变得非常复杂。

爆破地震波在近区和中远区的传播特性是有很大差别的，这种差异主要受爆源特性和岩体介质特性影响。一般来说，近区爆破振动波形峰值大、频率高、波形较窄、持续时间较短，而远区峰值较低、频率较低、波形拉宽、持续时间较长。微差爆破中，各分段爆破振动波形在近区一般是分离的，但在中远区，各分段爆破引起的振动可能发生叠加和干扰，这样就可能导致两个结果，如果波峰与波谷叠加，则导致峰值缩小，如果波峰与波峰叠加，则导致振速峰值放大。因此，在对爆破振动进行控制时，可能近区爆破振动得到了控制，而中远区的爆破振动因波峰叠加效应而超出控制范围。爆破规模越大，分段数越多，波峰叠加发生的可能性也越大。一旦各段爆破振动发生波峰叠加，叠加后引起的总的爆破振动可能超过最大单响药量作用下的爆破振动，分散装药、微差顺序爆破以降低爆破振动的目的就很难达到。为更好地控制爆破振动危害，一方面要细化爆破设计，从源头减小振动叠加的概率，另一方面要加强对爆破地震波在近区和中远区的作用和传播特性研究，用以反馈和指导爆破设计。

爆破振动叠加现象是个复杂的问题,它与爆源特性、岩体介质特性、爆心距、雷管延期精度、微差爆破延迟时间以及多个延迟起爆的爆源的相对空间位置等因素有关。深入研究这些因素对于爆破振动效应的量化影响对爆破振动的控制技术意义重大。此外,在特定的地质条件和爆破装药参数及网络参数条件下,微差爆破各分段产生的振动是否发生叠加,传播过程中是否有放大或衰减,人们还认识尚浅。随着爆破规模的扩大,一次爆破分段数增多,振动问题越来越凸显。深入研究该问题对于指导工程实践、合理选择爆破参数和起爆网络、降低爆破振动效应是有重要意义的。

4. 水工混凝土裂缝防止和处理方法

我国近年来一直处在水利工程建设的鼎盛期,随着几座特高巨型大坝的设计和建设,在以混凝土大坝和南水北调工程为代表的水工混凝土工程的设计和建设中,处于世界先进乃至领先的水平,同样在水工混凝土裂缝机理和防治方法方面也处于国际先进行列。但是因问题的复杂性,在混凝土工程施工期和运行期仍然不断出现这样或那样的裂缝,严重困扰混凝土工程建设的质量、观瞻性和耐久性。新建工程的混凝土裂缝防治方法仍然是水利工程甚至所有混凝土工程建设中最突显的、最不易解决的关键技术问题之一。同时,混凝土裂缝出现后的处理方法也是值得学术界给予特别关注研究的课题。在我国,不但在已建混凝土大坝工程中存在形态各异的结构性裂缝,而且在大多新建工程中也往往出现裂缝,需要及时地进行加固处理。迄今为止,混凝土裂缝的处理机理和处理效果还很少甚至没有事先进行量化的学术研究和评价,一般只是凭工程建设经验进行处理,很难正确知道实际处理效果,甚至处理后经过一段不长的时间后裂缝又会在老地方出现,只得再进行处理。因此,开展裂缝加固处理机理和方法的应用理论基础和实现研究,目前仍然是十分重要的且具有很大的学术意义与国民经济建设意义。

水工混凝土裂缝的成因很多，主要有温度变形、自生体积收缩、干缩、变形约束、材料特性、结构设计和施工质量等，防裂的基本方法是正确地研究选用施工期的合理防裂方法。这就需要开展深入准确的科研研究。

在学术研究方面，目前成绩突出的是美国 Bazant 教授和他所领导的研究小组，多年来通过科学试验、理论和算法研究，无论在混凝土绝热温升、收缩变形、干缩变形还是在裂缝生成机理等方面，在国际上都起到了较好的学术领头羊作用，但是工程应用经验相对缺少。Cervera 较早地开展了水泥水化反应与龄期和混凝土自身温度相关的研究，并进行了有限元算例分析。De Schutter 将混凝土成熟度作为一个重要参数，进行该参数对混凝土水化过程中微观结构的形成与发展的相关研究，建立了相应的混凝土温度应力和开裂计算模型。Yuan 和Wan 考虑混凝土水化反应、湿度扩散、徐变和环境温度变化等因素影响的应力分析模型，重点进行了早期裂缝预测研究。从大量的文献资料查阅来看，国外虽有大量的研究成果，但各家研究成果往往不够系统，试验资料偏少，近年来的工程应用偏少；此外，微细观研究内容也不多，将混凝土视为骨料、砂浆和骨料与砂浆间接触面的多相复合材料，但缺少混凝土湿度场和温度场等多场作用的研究；没有见到同时考虑混凝土龄期、温度和成熟度影响的弹性模量等参数生长与变化的试验成果报道，也没有看到湿度历程对干缩变形以及徐变变形影响的研究成果，包括其中不可逆变形特性的成果；也很少看到非饱和混凝土湿度特性参数的试验成果，以及没有人提到混凝土非线性放热边界特性的理论和试验研究。

中华人民共和国成立以来，应大量工程建设的需要，国内相关研究工作几乎一直没有停止过，但是主要停留在传统的简单的线性理论方面的应用研究，仍然缺乏系统而深入的研究成果，工程界面对目前工程建设中时时出现的裂缝现象缺少相关的理论和应用基础研究成果，常常只能按以往自己的工程建设经验来进行，结果效果不理想，经常到最后工程竣工后仍然弄不清楚裂缝生成的真正机理和该何时及时采取相应的抗裂对策，甚至会反复出现同样的裂缝问题和出现大坝建成后迟迟不能下闸蓄水。

国内学术界的主要代表为中国水利水电科学研究院的朱伯芳院士，半个世纪来他先后结合自己的学术研究和工程应用成果撰写专著，给国内其他人员的研究工作打下了基础，为我国水利事业的快速发展做出了重大贡献。另外，河海大学、清华大学、大连理工大学、武汉大学、同济大学、浙江大学、长江水利委员会长江科学院、天津大学、陕西理工大学、三峡大学、华北水利水电学院等兄弟单位多年来也都进行了很多研究和应用工作，取得了许多宝贵的学术成果和工程应用经验。近年来，河海大学张子明等人尝试了混凝土自身温度对绝热温升影响的研究，朱岳明、马跃峰等人进行同时考虑混凝土温度历史、龄期和成熟度对混凝土热学和力学特性参数影响的研究，初步取得一些新的基础性研究成果；北京科学职业学院张国新针对掺 MgO 混凝土筑坝技术的问题在混凝土微膨胀特性变形的研究中提出了考虑混凝土温度历程影响的热积模型，朱伯芳也尝试了考虑混凝土自身温度和水化度影响的混凝土绝热温升模型。朱岳明等人在混凝土裂缝机理和防裂方法研究中获得了一些新的突破，首先在 2000年彻底解决了水管混凝土温度应力精确计算的问题，并重视混凝土表面保温措施作用的室内外试验研究，提出的混凝土防裂机理和防治方法已在 10 多个水工薄壁混凝土工程的建设中得到了成功应用，没有出现裂缝，其成果处于国内外先进水平。据报道，三峡三期工程大坝混凝土也未出现裂缝，获得很大的成功，但是在这一工程中所采用的几乎"极端"地耗巨资进行防裂的方法似乎在绝大多数中小型工程中都无法进行推广应用，且花费过多的大坝裂缝防治方法在经济上也是很不合理的，需要的是再进行深入细致的科学研究，获得新思想、新成果，提出新的既经济、易操作又管用、可普及的更先进的方法。

5. 高边坡和地下洞室的设计理论、方法及快速施工保障技术

地下工程施工是不可逆的非线性的演化过程，它在施工过程中的状态及最

终稳定状态均与过程有关，不同的施工过程对洞室围岩变形和稳定具有不同的影响。天津大学钟登华提出了全过程动态仿真理论和面向对象的图形辅助仿真建模理论，建立了大型地下洞室群施工过程三维可视化动态仿真与优化模型，取得了富有创新性的研究成果，但在施工仿真过程中没有与大三维的围岩稳定进行耦合分析。在施工顺序优化方面，孙钧、张有天、朱维申、李宁等人均对地下工程和隧洞的不同开挖顺序进行了影响分析，但目前的研究多数还是停留在若干方案的比较上，对地下洞室群开挖顺序模型的建立和系统全局最优问题的解决方案上并没有实质性的进展。

近年来，发展迅速的计算机并行技术引起学者们的足够重视，世界各大发达国家都在投巨资建立自己的高性能计算中心，在任何时候它都是提高数据处理、优化效率和规模的实用途径。河海大学的研究人员在并行算法上取得了一系列研究成果，用有限元、边界元并行计算来解决三维静力、动力、弹塑性，特别是优化以及反分析等一系列问题，但用于超大规模地下洞室群的快速施工优化计算还需深入研究。

我国在拱坝优化设计领域的研究在国际上处于领先地位，河海大学是三家主要研究单位之一，负责基于有限单元法的高拱坝优化设计，为国家的经济建设做出了突出贡献。地下洞室优化方面的研究工作还停留在方案比选阶段，将优化设计与围岩稳定结合研究，不同学术领域研究交叉、优势互补，既可以促进学科理论研究进步，又同时为国家经济建设服务。

随着我国水利水电工程建设的不断发展，以及西部大开发的不断深入、南水北调工程逐步实施，高坝、巨型地下洞室、超长度大洞径隧洞等水工结构越来越多。人工高边坡越来越高，地下洞室的埋深越来越大，跨度越来越大，所处的地质条件也越来越复杂。巨大的地应力、复杂多变的岩体断层和节理，以及无处不在的地下水，使得高边坡、地下水工洞室的工作条件极为复杂，不仅岩体材料具有连续-非连续性、非线性特征，而且其变形也具有非连续性和大变形的特点。

　　高边坡、地下洞室围岩工作条件复杂，通常具有连续-非连续特性。常用的高边坡、洞室结构及其围岩稳定的数值分析方法，如有限单元法（FEM）、边界单元法（BEM）、有限差分法（FDM）等，大都基于小变形假设，只适用于小变形和连续变形的情况，难以适应具有层面、裂隙面、节理面等结构面的岩体的大变形和非连续变形。非连续变形分析（DDA）是与有限元的连续变形分析方法相平行的一种新的分析方法。它将岩体视为非连续体，由岩体中的不连续缝切割构成单元，该单元可以是任意凸状或凹状的，甚至可以是带孔的多边形，因而更符合岩体及其大量结构面的实际性状。它可以求解大位移和大变形问题。数值流形方法（Numerical Manifold Method，NMM）是一种涵盖连续变形和非连续变形的数值分析方法，是 DDA 与有限元法的统一形式。它采用物理网格和数学网格（覆盖）共同求解结构体的变形和应力，数学覆盖互相重叠并且覆盖整个计算区域，在每个数学覆盖上定义互相独立的位移近似函数，它们被物理边界切割而形成物理覆盖，物理覆盖的重叠区域形成单元。位移函数定义在覆盖上，并结合起来形成计算域上的全域位移近似函数，而每个单元上的近似函数就是形成此单元的若干个互相重叠的覆盖上的近似函数的加权平均。NMM 利用最小位能原理形成整体平衡方程，因采用了物理覆盖和数学覆盖，所以既可以求解连续介质问题，也可以求解非连续介质问题。

　　目前，非连续数值方法是岩体数值计算的热点之一。非连续变形分析和数值流形方法处于起步发展阶段，还存在不少难题有待解决，在水利工程中的应用亦很少，国内外许多学者都在进行着这方面的研究工作。Koo 和 Chern 修正了DDA 模型中刚体旋转不合理的现象，采用刚体位移函数和合并阻尼，提出了分析岩块在坡上滚动下落的 RIG-DDA 模型。Kim 等人利用 DDA 模拟开挖过程，并且考虑静水压力和岩体加固，发展了 DDA 方法。Jing 等人发展了流体与裂隙岩体的 DDA 耦合分析模型，重点探讨了裂隙中的流体对岩体变形作用的物理特性，给出了流体压力对总体刚度矩阵和荷载向量的离散系统表达式。Cheng 在收敛速度、迭代时步和解的精度等方面对 DDA 进行了改善。在国内，张勇慧和郑榕明也对基本的 DDA 进行了改进，主要是对接触面上的法向弹簧和切向弹簧采用了不同的刚度。任建喜等人研究了裂隙岩体破坏规律的非连续变形分析可视化仿真方法，完成了节理岩体网络计算机模拟。周少怀和杨家岭利用 DDA 计算程序，分析了边坡大位移问题和地下开挖引起地面变形的工程实例，并与离散元计算结果进行了比较研究。邬爱清等人利用 DDA 模型，计算了试验洞洞挖和边坡明挖问题，并与有限元结果进行了比较，证明 DDA 模型计算结果在岩体开挖位移形态及位移量级上与有限元及实际位移监测结果都具有较好的可比性。张国新和武晓峰利用 DDA 考虑渗流与变形的耦合作用，研究了裂隙渗流对岩石边坡的影响。沈振中等人利用 DDA 对我国某大型地下水电站厂房的开挖过程进行模拟，研究了块体对洞室围岩稳定的影响，并研究了水库水位骤变对边坡的影响规律，探讨了降雨入渗条件下岩体边坡的稳定分析方法。郑榕明等人研究了有限元与 DDA 的耦合，讨论了耦合算法的可行性。

数值流形方法自石根华教授提出以来，因其良好的适用性和解决问题的能力，引起了岩体力学学术界的广泛关注。研究者从不同的方面，如逼近函数的阶数、数学网格的类型（三角形和四边形）、渗透水压力等，对 NMM 方法和解题适应性、计算精度等进行研究，同时，也试图在实际工程中进行应用。

由于岩体的连续-非连续特性以及地应力、地下水、地质条件等的复杂性，目前还难以对复杂条件下岩体的工作性态做出准确的预测和评价，尤其是降雨、地下水渗流对岩体结构面作用，以及渗流-变形耦合作用的机理等方面，还有待于进行深入的研究。大型水工地下洞室的开挖工作条件非常复杂：开挖过程中，由不同产状切割形成的岩块常常会脱落，严重时甚至引起塌方；开挖后的围岩应力调整对洞室的支护形式、支护尺寸影响很大；隧洞内水压力和地下水、降雨等的作用也常常引起洞室围岩失稳，从而带来重大损失。

　　针对岩体的连续-非连续特性及其结构面的非连续性,以及变形的非连续性、大变形等特点,以裂隙渗流-变形耦合试验为基础,深入研究复杂条件下岩体结构面的渗流-变形耦合机理。采用非连续变形分析和数值流形方法,深入研究地应力、地下水作用的影响,建立岩体高边坡、水工洞室分步开挖、围岩稳定分析的连续-非连续变形仿真模型。研究非连续条件下、围岩稳定的安全评价准则,提出非连续岩体高边坡、洞室围岩稳定的安全评价方法,为优化设计和施工提供理论依据。这些研究有利于更好地模拟岩体高边坡、水工洞室节理裂隙围岩的工作性态,评价其安全稳定性,研究成果可广泛应用于我国大型水利水电工程和交通、矿山工程等建设,因此,这些研究不仅具有理论意义,而且具有重大的实用价值。

6. 水工新材料、新工艺、新技术研究

　　土工合成材料的开发与应用在国际上蓬勃发展也只有二三十年的历史,但其应用领域已涉及水利水电工程、交通运输工程(铁路、高速公路、港口航道)、环境岩土工程、建筑工程等,几乎涉及整个大土木工程。北美、西欧等国在工程与研究方面处于领先地位,我国的工程应用发展迅猛,例如著名的荷兰三角洲整治工程、美国密西西比河整治工程、我国的长江口深水航道整治工程,土工合成材料应用在整个工程中起着举足轻重的作用。

　　一些发达国家的主要贡献在于具有自主知识产权的研发成果及其工程成套技术应用,例如土工膜用于碾压混凝土坝防渗和土石坝防渗的成套技术与专利;国内的主要贡献在于针对具体工程的实际应用,但缺乏具有自主知识产权的研制与开发成果,应用也不能形成集成的成套技术与工艺。

　　在基础与应用基础研究方面,发达国家在反滤、防渗、加筋与防护等领域开展了比较系统、深入的研究;我国在基础与应用基础方面的研究相当薄弱,并无较为长期的目标。

国际土工合成材料学会（International Geosynthetics Society）正式成立于1983年，每4年举行一次国际学术交流会，第十二届国际土工合成材料大会（12th International Conference on Geosynthetics，12 ICG）将于2022年9月18日至22日在意大利罗马召开。会议由意大利岩土工程学会（Italian Geotechnical Society）与国际土工合成材料学会意大利委员会（Italian Chapter of IGS）承办。由国际学会创办的《Geotextiles&Geomembranes》（土工织物与土工膜）等学术刊物为SCI检索刊物。

在国内，清华大学以李广信教授为代表，在土体加筋机理分析、试验方面具有特色；武汉大学以王钊教授为代表，在加筋试验与应用方面具有特色；浙江大学以王铁儒、唐晓武教授为代表，在固废填埋场、软基加固应用与研究方面具有特色。

河海大学于20世纪80年代初开始从事土工合成材料应用与研究，为国内最早开展该领域应用与研究的机构之一，并于2005年正式挂牌成立南京土工合成材料工程技术研究中心，这是国内高校在该领域首个由政府批准建成的工程研究中心。河海大学主要在堤坝防渗、防护、河口筑坝应用及其机理研究、应用研究、材料构件研制、开发方面具有特色，在软基加固、土体加筋和固废填埋场等方面也具有竞争力。

3.1.3　水电机组研发

1. 超高水头水泵水轮机

随着我国电力装机容量的发展，用户对用电质量提出了更高的要求，为了保障供电品质和电网自身的安全稳定，我国需要建设大规模的抽水蓄能电站用于调峰调频和事故备用。国家能源局综合司印发关于征求对《抽水蓄能中长期发展规划（2021—2035 年）》（征求意见稿）的函，提出到 2035 年我国抽水蓄能装机规模将增加到 3 亿 kW。截至 2020 年年底，我国抽水蓄能装机容量只有 3149 万 kW，这意味着未来 15 年时间，我国抽水蓄能装机规模将增长约 10 倍，年均增速为 17%。

超高水头抽水蓄能机组由于具有水头高和水头变幅大的特点，给水泵水轮机的水力设计带来很大设计难度。对于如此高水头的抽水蓄能电站，在国际上也为数不多，因此可供参考的机组并不多。对于超高水头抽水蓄能机组而言，机组的安全稳定运行无疑是机组的第一要务。在机组研发过程中，为了保证机组安全稳定运行，针对水泵水轮机的 S 特性、驼峰特性、压力脉动和泥沙磨损进行了详细的水力特性研究。水泵水轮机工作于水轮机和水泵两个主要工况及两个工况之间的过渡工况，在其研发过程中需兼顾其在两种主要工况下的水力性能。同时由于工况的频繁切换，水泵水轮机在非设计工况下的运行时段相对较多。因此，在非设计工况下，由于非定常效应引起的不稳定性值得关注。

（1）"S" 特性

为避免水轮机工况的 "S" 特性引起的空载不稳定性，"S" 特性区必须位于正常运行范围之外，并确保留有足够的安全裕量。东方电气集团东方电机有限公司（简称东方电机）通过优化设计和 CFD 分析了解诱发 S 形现象出现的机理原因，主要是导叶来流的向心力和转轮内出现的分离涡产生的离心力两者相互作用导致了水力不稳定现象的出现，如图 3-7 所示，即真机运行时一个运行水头对应几个流量。对比水泵水轮机在不同工况时的流动状态可以发现，在最优工况点 A 时的流动全部为导叶流向转轮，在空载工况点 B，分离涡导致流动从转轮流向导叶内，但是主流仍然是导叶流向转轮，然而在严重的 S 区内工况点 C 的流动，从转轮流向导叶的回流变得更加严重。对抽水蓄能电站水泵水轮机的 "S" 特性进行了优化改进，如图 3-8 所示，优化设计后的水泵水轮机较好地解决了 S 形问题，在机组水头运行范围内完全消除了 S 形现象并且留有足够的安全裕量。

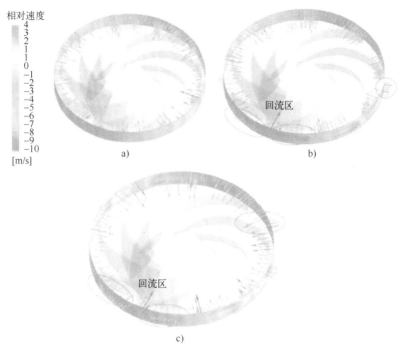

图 3-7　不同工况点的内流场对比

a）最优效率点 A　b）空载点 B　c）S 区工况点 C

（2）驼峰特性

驼峰现象的出现尤其是第一驼峰主要是由导叶内脱流产生的，如图 3-9 所示。根据相关研究成果，针对某电站的驼峰区特性，重点优化转轮叶片高压边的型线和安放角，以及转轮与导叶的配合规律，改善了水泵小流量工况的非稳态特性，推迟了驼峰的产生并减弱了驼峰的强度，从而提高了驼峰区裕量。

水泵水轮机在不同开度时的失速涡发生的区域并不相同，如相同的水泵水轮机在不同开度时的压力系数-流量系数曲线，如图 3-10a 所示。根据 CFD 计算

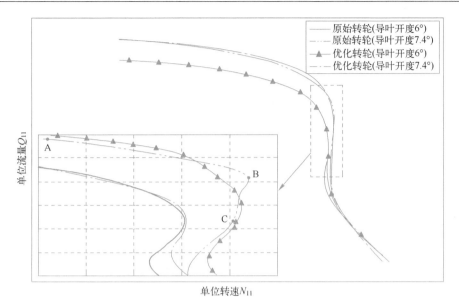

图 3-8　S 形曲线优化设计

图 3-9　水泵水轮机失速涡在导叶中的流动

结果，两个开度下都有驼峰现象出现，并且导叶开度 11°时的驼峰深度比导叶开度 12°时的驼峰深度要浅，换句话说，驼峰余量要大，抵抗不稳定水力脉动的能力要强。这与失速涡出现的位置密切相关，如图 3-10b 所示，导叶开度 11°时，失速涡的位置出现在导叶靠近下环的区域，但是如图 3-10c 所示导叶开度 12°时，失速涡的位置出现在导叶靠近上冠的区域。

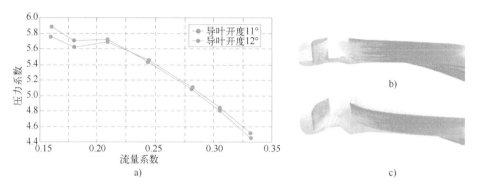

图 3-10　水泵水轮机不同开度时的失速涡位置

正是由于对驼峰现象的深入研究，从而找到了驼峰现象发生时失速涡出现的位置并且找到了解决该失速涡诱发的优化设计方法，如图 3-11 所示，优化设计后的水泵水轮机较优化前的水泵水轮机驼峰特性得到了很大改善，具有较大的驼峰安全裕量。

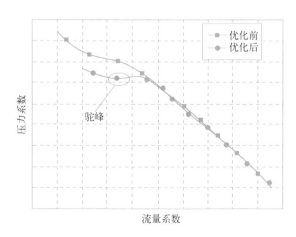

图 3-11　水泵水轮机优化设计前后的驼峰曲线对比

（3）水泵水轮机压力脉动

压力脉动成为一个衡量机组可靠性的重要指标。对于抽水蓄能机组而言，由于水轮机工况运行区域通常情况下偏离最优区运行，导致机组在运行区的压力脉动较大，尤其是最低水头 50% 负荷区域是运行区域中压力脉动最为显著的地方。除此之外，由于抽水蓄能机组在电网系统中承担救火队员的角色，经常在不同工况之间转换运行，由于工况转换，水轮机流道内的流态非常混乱，其引起的压力脉动幅值也是比较大的。

在水泵水轮机的水力设计过程中，减小无叶区和尾水管压力脉动幅值是保证机组稳定运行的重要环节。图 3-12 比较了不同的湍流模型和网格数目的组合下数值计算的压力脉动和试验结果的比较，根据几种数值计算方法的对比，湍流模型中 SSTk-w 模型的计算结果和试验结果最为接近；网格数目对计算结果的影响也很明显，对于模型水泵水轮机计算区域，计算网格的节点数不应低于 1000 万，并且越接近部分负荷工况，其压力脉动计算值和试验值的偏差越大。

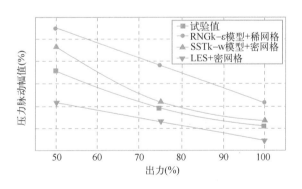

图 3-12　水泵水轮机的水轮机工况压力脉动计算和试验结果对比

对于无叶区的压力脉动，重点关注了 50% 负荷无叶区（VSX）的压力脉动，如图 3-13a 所示，50% 负荷无叶区的压力脉动混频幅值达到了 9.82%，对应的第一主频为 1 倍叶片数通过频率 $7f_n$（转轮叶片数为 7 片）。

对于尾水管区的压力脉动，如图 3-13b 所示，50%负荷尾水管区域（直锥段和弯肘段）的压力脉动幅值都比较小，压力脉动最大幅值为 2%，主频为 1.73 倍转轮叶片数通过频率。

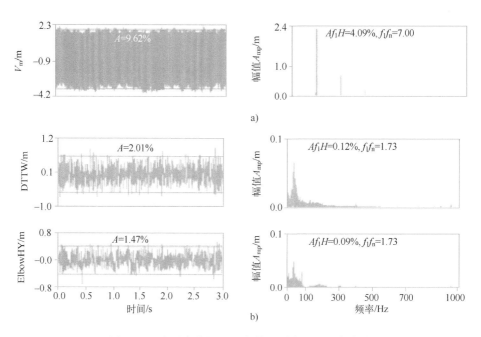

图 3-13   水泵水轮机 50%负荷不同位置的压力脉动

2. 低水头贯流式水轮机

贯流式水轮机单位过流量大，转速高，水轮机效率高，且高效区宽，加权平均效率也较高，具有比轴流式水轮机更优良的能量特性。其特征参数比转速 n_s 可达 1000 以上，比速系数可达 3000 以上。与轴流式水轮机相比，在相同水头和相同单机容量时，其机组尺寸小，重量轻，材料消耗少，机组造价低。贯流机组电站还可获得年发电量的增加。

贯流式水轮机结构特征紧密而严整，布局严整而简单，建设对土建工程的依赖不大，可减少相应资金，在机组的使用以及安装流程上来说，质量小，方便安装和装设，能够减少工作时间，提前发电时间。根据国内外有关水电站的统计资料，采用灯泡贯流机组比相同容量轴流转桨机组，电站建设投资一般可节省 10%~25%，年发电量可增加 3%~5%。小型水电站采用轴伸贯流机组与立式轴流机组比较，能够节约 10%~20% 的花费，因此可以说，对于贯流式水轮机功能的开发和拓展与推进低水头资源密切相关，并且也是目前最合理、最便宜的一种办法，其能够充分使用资源，电量价值增加，效果明显。

（1）概述

国内已运行的灯泡贯流式水轮机最大转轮直径已达 7.5 m。目前规划或在建的贯流式水电站遍布全国各地，广西长洲水电站装机 15 台，总装机容量达 621.3 MW。在西北地区，20 世纪 80 年代开始贯流式水电站的规划设计，并完成了柴家峡等电站的可行性研究。在黄河干流上现已建成青海尼那电站，尼那电站是我国海拔最高的大型灯泡贯流机组电站，宁夏沙坡头电站则是应用于高含沙水流的第一座大型灯泡贯流机组电站，它们各有各的特点和优势，并给以后的水电站工作带来新的思路。

对于低水头小型水电站，轴伸贯流水轮机和竖井贯流水轮机具有与灯泡贯流水轮机相当的技术经济优势，国外 20 m 以下的小水电开发，已逐步取代轴流机组。据文献介绍，国外已运行的轴伸贯流式水轮机转轮直径达 8.6 m，单机容量达到 31.5 MW，最大使用水头达到 38 m。我国轴伸贯流式水轮机的技术开发起步较晚，自行研制的 GZ006、GZ007 等其他转轮的效果已经可以和全球先进的水准相媲美，但是，仍然未实现大范围的普及应用，也没有形成市场的大面积流通。国内已运行的轴伸贯流水轮机多采用定桨式转轮，最大转轮直径达 2.75 m，单机容量达到 3.5 MW，最大使用水头为 22 m。而竖井贯流和全贯流，这两种机组的生产及开发都不算充分，也没有普及使用，这与先进国家存在较大差异。

国外贯流式水轮机的研究起步较早，开发了很多性能优良 3 叶片、4 叶片、

5 叶片转轮模型，表 3-1 列出了目前贯流式水轮机的参数水平。

表 3-1 目前贯流式水轮机的参数水平

比转速/m·kW	比速系数（n×h^{0.5}）	临界空蚀系数	模型最高效率（%）
>1000	>3200	1.3	93.5~94

下面以日本富士为例，简述一下贯流式水轮机的研究现状。在日本，灯泡贯流式机组制造公司主要有富士电机公司、日立公司、东芝电气公司和三菱电机 4 家公司。富士公司创立于 1923 年，它是日本第四大电气公司，在灯泡贯流式领域，它制造的机组台数最多，成就也最高。富士公司的转轮叶片加工时，外缘侧留有一凸台，尖端向下，其优点是①减少了转轮室容积损失，使桨叶与转轮室之间的流量损失相应减少；②改善叶片背面的空蚀；③增加了叶片端部强度。叶片密封采用多层 V 形橡胶密封圈，可在不拆卸叶片的情况下更换密封。

锥形导水机构是灯泡贯流式机组的重要部件，其设计制造技术要求高、周期长，是灯泡贯流式机组设计制造的重要一环。富士公司锥形导水机构的特点是①内外导水环、导叶、控制环均采用结构件，制作易控制、外观好、工期短；②研究了导叶密合面设计方法，导叶立面采用刚性密封，其密合面铺设不锈钢；③导叶立面间隙采用偏心销调整；④导叶与导叶臂采用方键连接；⑤导叶采用弯曲连杆保护方式；⑥内外导水环采用数控立车加工，取消"同镗"；⑦导水机构优先采用整体吊装方式。

灯泡体有各种支承方式，但多数采用上、下两瓣固定导叶的支承方式。此时，水推力和发电机转矩由上、下两个固定导叶支承，并采用辅助防振支撑和外壳支架来增加灯泡体的固有频率。

灯泡体为一大型柔性结构，且因设置在水中，故灯泡体的密封至关重要。为此，在与外部水接触的对接法兰部位多采用双重填料密封方式，以防止漏水。

在双重填料之间设有检测漏水的槽，组合、安装时每个都施加水压，以便检查填料的密封性能；而在运转中，检测漏水和一旦有漏水时，即可封入特殊的填料，由此保证密封性能。

（2）发展展望

我国适用于贯流式水轮机开发的低水头水能资源蕴藏巨大，贯流式水轮机应用前景广阔，需求巨大。经过 40 余年的研究与实践，我国在贯流式机组设备开发、研制以及贯流水电站设计和运行技术都取得了很大的发展和成就。对于 25 m 以下的低水头水电开发，优先选择贯流式机组，已基本形成共识。但从目前来说，国内贯流机组发展方面仍存在设备技术和供给能力还不能满足水电建设的需要，中、小型贯流机组产品的多样性和技术适应性也不能满足国内国际市场的需求；已有的性能较好的转轮模型数较少，特别是进行 25～35 m 水头段模型转轮的开发，以拓宽贯流式机组的水头应用范围；试验研究较少。随着计算技术的发展，采用各种 CFD 技术对贯流式水轮机过流部件进行流场数值模拟的研究很多，但流场实测数据少，今后应加强这方面的研究工作，尤其是各种先进的流场测试手段利用，以更好地指导贯流式水轮机各过流部件的设计；大型贯流式水轮机的机组设计、制造与安装等方面的一些关键技术，例如灯泡体及水轮机的支承结构，轴系的分析计算，机组的刚度及振动特性的评估、优化，大尺寸机组的安装技术等，需进一步得到完善；制造工艺的研究，国内在这方面已经有了很多成熟的经验，但仍需进一步完善及运行经验的积累。

总之，要全面提高我国贯流式水轮机的整体技术水平，实现包括产品研制技术及产品的技术性能、应用开发和运行等技术水平的全面提升，结合国内实际和借鉴国际先进经验，应加强计算机和信息技术如计算机 CDF、CAD/CAM 等，以及现代制造技术在贯流式水轮机开发、研制和运行等领域的推广和应用，还应加强对国际先进技术的引进、消化和吸收。

3. 高水头、大流量巨型混流式水轮发电机组

长江三峡工程从 2003 年 6 月开始蓄水、通航、发电以来，至今已十几年过去了。三峡工程 700 MW 级水轮发电机组在国内是首次采用，与当时世界上已投入运行的 700 MW 水轮发电机组相比，三峡工程苛刻的运行条件堪称世界之最。从机组能够长期安全稳定运行出发，对涉及机组安全稳定运行的相关因素、机组性能参数优配、运行稳定措施以及采用新技术等方面首次开展了全面系统的设计研究，并将研究取得的丰硕成果应用在三峡工程巨型水轮发电机组的设计、制造以及电站运行中。新技术、新材料的运用，解决了高部分负荷区水力脉动过大、运行水头变幅大的巨型混流式水轮发电机组安全稳定运行的世界难题，确保了三峡工程 700 MW 级巨型水轮发电机组在各种运行工况下的长期安全稳定运行，提高了国内机组设计制造水平，促进了技术进步。

巨型混流式水轮机的开发一直是水力机械研究领域关注的热点。而巨型混流式水轮机的水力开发存在与一般水轮机不同的特殊问题，该类机组的出力和转轮直径都很大，其主轴转频较低，压力脉动频率更易与机组和厂房的固有频率接近。另外，当机组运行在部分负荷工况时，还会存在特有的不稳定区，导致机组在低水位或调峰运行时，负荷过低而激发振动，致使机组出现出力摆动和叶片颤振失稳等问题的概率增大，严重威胁机组的安全稳定运行。研究表明，水电机组的振动稳定性水平和机组的尺寸有明显的相关性。

（1）概述

在水电项目的建设中，由于电站机组的性能与质量直接关系到电站运行的经济效益，其重要性受到业主的极大关注。国内大型水力发电设备企业通过自主开发和引进技术消化吸收相结合，特别是通过三峡技术转让合作生产和在此基础上的自主创新，掌握了巨型混流式机组的水力设计、电磁、通风、推力轴承、绝缘、结构优化、制造工艺等关键技术，达到了国际先进水平。在巨型机

组全空冷技术上引领了技术的发展，用了不到十年的时间，实现了我国水电重大装备制造业 30 年的跨越。

表 3-2 列出了我国目前已投运的大部分巨型机组的主要参数，总容量达到 1.1656 亿 kW，机组台数达到 139 台，由哈尔滨电气集团公司（简称哈电）、东方电气集团公司（简称东电）、ALSTOM、VOITH 负责对这些项目开发技术和提供产品，机组的性能与参数，集中代表和体现了现代巨型水轮发电机组的最新技术成果和发展趋势。

表 3-2　我国目前已投运的大部分巨型机组的主要参数

电站名称	装机容量 /MW	单机容量 /MW	台数	转速 /(r/min)	水头/m			转轮直径 D_1/m	比转速 n_s /(m·kW)	比速系数 K
					最大水头	额定水头	最小水头			
三峡	22500	700	32	75.0/71.4	113.0	80.6/85.0	61.0	10.43/9.88	262/245	2350/2259
溪洛渡	13860	770	18	125.0	229.4	197.0	154.6	7.62	150	2102
向家坝	6400	800	8	75.0	113.6	100.0	82.5	9.95	214	2137
龙滩	6300	700	9	107.1	179.0	140.0	97.0	7.90	187	2218
精扎渡	5850	650	9	125.0	215.0	187.0	152.0	7.30	147	2008
锦屏Ⅱ级	4800	600	8	166.7	318.8	288.0	279.2	6.57	110	1861
小湾	4200	700	6	150.0	251.0	216.0	164.0	6.60	153	2244
拉西瓦	4200	700	6	142.9	220.0	205.0	192.0	6.90	155	2224
锦屏Ⅰ级	3600	600	6	142.9	240.0	200.0	153.0	6.60	148	2097
二滩	3300	550	6	142.9	189.2	165.0	135.0	6.26	181	2319
瀑布沟	3300	550	6	125.0	181.7	148.0	114.3	6.96	181	2201
构皮滩	3000	600	5	125.0	200.0	175.5	144.0	7.00	153	2023
长河坝	2600	650	4	142.9	218.0	200.0	166.0	6.70	154	2183
大岗山	2600	650	4	125.0	178.0	160.0	156.8	7.05	178	2257
官地	2400	600	4	100.0	128.0	115.0	108.2	7.70	207	2222
金安桥	2400	600	4	93.8	125.9	111.0	94.7	7.80	203	2141
梨园	2400	600	4	93.8	118.0	106.0	94.0	8.30	215	2216

（2）发展展望

对于巨型水轮机来说，能量、空化和稳定性依然是关注的焦点和研究的重点。随着机组容量和尺寸的增大，机组振动问题对安全运行影响较大，在追求优良的能量和空化指标条件下，要求获得水轮机稳定运行范围宽的水力设计。

近几年，水力研究手段发展较快，计算机三维黏性流体动力学分析已成为设计者的日常工具，随着开发项目增多和技术的积累，使用效率越来越高。国内模型试验台的建设力度也在加大，哈电、东电的模型试验结果不仅不次于国外厂家，而且有些参数还优于国外，加上他们现有的和中国水利水电科学研究院的试验台，我国的高水头试验台数量将是世界上最多的。另外，模型装置制造技术在新材料、新结构、新工艺的应用下，制造精度和表面光洁度及配合尺寸达到了很高的水平。

1）比转速和比速系数。图 3-14 表示的是表 3-2 所列电站水轮机额定水头与机组比转速的变化关系曲线，中间的曲线为统计回归曲线，其上的曲线比速系数 $K=2300$，其下的比速系数 $K=2000$。

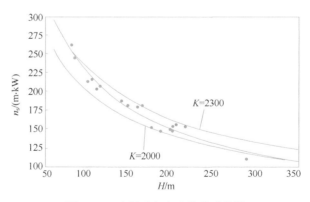

图 3-14　比转速与水头的关系曲线

可以看出，这些机组的比速集中在 2000~2300 之间。一般条件下，水头较低的机组 n_s 和 K 值偏大些，而高水头机组则偏小。

2）水轮机效率。图 3-15 是从近年来我国招标的大型和巨型机组模型验收试验得到的水轮机最优效率和比转速的关系曲线，从中可以看出最优效率的世界先进水平。与 20 世纪 90 年代初相类似的曲线比较，模型水轮机的最优效率普遍提高了 1% 以上，这是水轮机水力设计、模型结构设计与制造精度、试验测试等综合水平的体现。

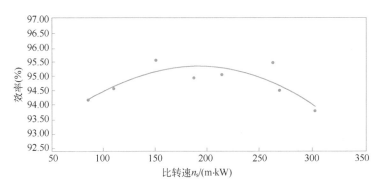

图 3-15　比转速与最优效率的关系

实际上，伴随着最优效率的提高，水轮机在电站运行范围内的加权平均效率的提高也非常显著。这种整体性能的提高，除了对转轮的优化设计外，是整个水轮机通流部件根据电站设计参数优化的结果，如蜗壳形状及其流速系数、相对导叶高度选择、固定导叶和活动导叶相对位置和各自的翼型设计等。

3）空化和稳定性。现代水力设计可以较准确地计算叶片表面的压力场并通过优化来调整压力的分布，因此，在电站设计参数合理选取的条件下，基本可以使水轮机在规定的运行范围内，在无空化工况下运行。

水轮机的稳定性与电站设计参数、水力设计、制造质量和机组的运行均有关系。通过水轮机水力设计来进一步降低压力脉动幅值的研究也取得了很大的进步。三峡电站模型水轮机消除高部分负荷压力脉动的研究成果和近期一大批巨型机组模型验收试验结果都体现了这种结果。另外，合理选择设计水头和额定水头即考虑所谓的特征水头，一般可以将叶片头部背面可见空化限制线、正面可见空化限制线、叶道涡线排除在水轮机正常运行范围之外，但对于水头变幅、运行范围超出常规的电站，要进行专门的研究。

随着对稳定性研究的加深和认识的提高，机组的设计提出要考虑叶片类部件出口引起的卡门涡以及提高机组的抗振能力（如结构优化改变卡门涡频率和增加转轮叶片出口三角块以降低应力），一些大型电站通过原型机稳定性试验（通过测量机组振动、摆度和转轮动应力等）来优化机组稳定运行范围。

（3）发电机技术发展

1）电磁设计的发展。在电磁设计方面，由关注稳态性能到关注电机的瞬态性能。如三峡左岸电机曾出现过铜环引线漏水引起短路事故。各种故障运行情况下电机的绕组、绝缘，以及各种结构件的损耗、发热、电动力变化特点等，引起了专家和用户的特别关注。因此，在电机的设计阶段，人们不仅要对电机本体结构和稳态性能进行计算，同时也要对电机的各种瞬态工况和非正常运行方式（如长期承受系统不对称负荷的能力）进行分析。为了获得水轮发电机准确的电磁性能和参数，电机的电磁设计不能仅仅局限于采用传统的基于"路"的集中参数的分析方法，而必须结合数值技术从电磁场的角度进行电机的性能计算。如水轮发电机电压波形畸变率的计算，只有通过瞬变电磁场数值仿真技术才能获得准确的结果。电磁场数值技术的应用，不仅使巨型水轮发电机稳态性能的设计更加准确，同时也可以提高巨型水轮发电机在故障情况下的抗冲击能力，避免在各种故障情况下带来巨大的损失。

由关注电机本体到关注电机的机网协调能力。电机作为电力系统的重要组成部分，其很多运行行为是与电网相互关联的。电机的动态过程要影响到电网，严重的会引起电力系统的振荡，甚至破坏；来自电网的系统波动同样也会引起发电机的动态变化，直至故障损坏。这方面的实例国内外都已存在。对于巨型发电机组，机网协调的问题已经日益引起人们的重视。机网协调问题的分析不仅涉及电机本身的数学模型，同时也要考虑到电力系统中相关的其他设备，因此，机网协调研究涉及面很广。从电机设计与运行的角度，所关心的问题往往是以电机为中心，扩展到与电机性能影响较大的电力系统其他部分；从学科分类角度，机网协调分析涉及电机本体部分的电机理论、电网部分的电力系统学科、控制调节部分的控制原理、转动轴系的机械动力学以及变频整流部分的电力电子技术等，十分丰富。目前，在机网动态系统分析方面已经形成了一些商业软件，如瑞士的 SIMSEN、加拿大的 EMTP 和 PSCAD 等。借助于这些软件，机网动态过程的分析可以较全面地考虑复杂的机网系统，获得一些综合分析的结果。

2）冷却方式的选择。对巨型水轮发电机，冷却技术是设计中的关键问题。目前水轮发电机的冷却方式大致有三种，即全空气冷却方式、定子水内冷冷却方式和蒸发冷却方式。

全空气冷却方式在电机内部只采用空气作为冷却介质，通过空气的流通实现电机整体的降温冷却。此时，所需要的辅助设备为水冷却器。水内冷冷却方式定子线棒要采用部分内部通水的空心股线导体，借助于水的流动带走定子的一部分损耗。辅助设备除常规的空水冷却器外，尚需要一套复杂的水处理及循环系统，以降低冷却水的导电性并驱动水的运动。蒸发冷却方式采用类似于水冷的定子线棒建立一套冷却介质的蒸发循环系统以带走定子的部分热量。蒸发冷却系统的介质不导电，同时无须借助泵类设备驱动介质的循环。

随着水轮发电机容量的增大，采用空气冷却方式的难度也越来越大。在2000 年以前，国内在 550 MW 以上的巨型水轮发电机无一例外地全部采用水内冷冷却方式。国外只有委内瑞拉古里电站在 630 MW 水轮发电机上进行了空气冷却方式的尝试。2000 年以后，随着哈电在三峡右岸电厂 700 MW 水轮发电机上实现空气冷却方式后，后续的 700 MW 级水轮发电机在招标上绝大部分都要求采用空气冷却方式。

从运行部门的角度考虑，空气冷却方式是大容量水轮发电机的首选。全空冷发电机需重点解决定子线棒的温升问题、定子线棒轴向温度均匀分布问题和由发热引起的机械应力、定子铁心热膨胀及翘曲问题。700 MW 等级的全空冷水轮发电机技术已经成熟，未来的工作是在 800~1000 MW 水轮发电机的产品上实现全空冷技术，这将需要科研技术人员从电磁理论、冷却技术、结构及应力分析等多方面的综合攻关和不懈努力。

3）巨型发电机组的推力轴承技术。对于大型水轮发电机组，推力轴承的设计和制造技术是非常重要的。水口电站的水轮发电机组，其推力轴承的负荷为 40.2 MN（4100 t），三峡电站的水轮发电机组，其推力轴承的负荷达到 54.1 MN（5520 t）。对于巨型机组的推力轴承，弹性油箱塑料瓦推力轴承和小支柱双层巴氏合金瓦推力轴承都是不错的选择。

对于小支柱双层巴氏合金瓦推力轴承，由于小支柱簇将推力瓦和托瓦分开，循环油可以在托瓦和推力瓦之间自由流动，推力瓦中的不均匀温度分布对托瓦的影响极小，托瓦温度沿轴向、径向和周向基本上是均匀的，托瓦的热变形很小，托瓦在支柱压力作用下，主要产生弹性变形。推力瓦由于厚度很小，通过调整小支柱的直径，可以使瓦面在油膜压力和温度联合作用下的热弹变形控制在较小的范围内。

弹性金属塑料瓦在大负荷条件下比相同工况的巴氏合金瓦油膜厚度大。与小支柱双层巴氏合金瓦推力轴承相比，弹性金属塑料瓦推力轴承省去了高压油顶起系统，允许机组频繁地起动或热起动，即使在油槽内冷却器短时停水时，推力轴承也可以正常运行，因此具有很好的应用前景。

我国在建的巨型水电站在世界上数量是最多的，规模是最大的。水电的发展重点为开发金沙江、雅砻江、大渡河、澜沧江和怒江流域。国家规划中的巨型水电站如表 3-2 中所列，总装机容量达到 1.1656 亿 kW，大部分属于高水头的巨型机组，技术要求在不断提高。目前，以乌东德、白鹤滩为依托工程开展的 1000 MW 巨型机组关键技术的研究已取得阶段性成果。这些水电机组的发展，在某种程度上已经代表了水电设备发展的新趋势。综合分析水电设备的发展趋势，有助于跟踪水电技术的发展方向，开发先进的水电机组产品。

对于巨型水轮机，能量、空化和稳定性是产品开发的关键，需要通过分析技术和模型试验研究来获得更好的性能。优化结构、采用新材料、提高制造质量，是巨型水轮机产品发展的方向。在巨型发电机的设计方面，获得优化的电磁方案不仅要进行传统的电磁计算，还要采用现代电磁场数值技术对电机的参数、损耗和温升等进行数值计算，同时还需要对电机的电压波形质量、承受非正常运行工况的能力以及机网扰动的影响进行综合的仿真分析，以获得巨型水轮发电机的最佳结构和运行性能。其中，巨型发电机的冷却方式对发电机容量的每一次向上突破都需要在风量风速的分布、铁心绕组的温升以及电机的制造安装工艺等方面进行详细深入地论证。

3.1.4　水轮机模型试验发展

1. 试验能力的提高

近年来，国内具有自主研发能力的企业及研究机构均对其原有的水轮机模型试验台进行了改造，并新建了一批专用水轮机模型试验台，极大地提高了国内水轮机模型的试验能力。

2. 水轮机模型试验研究领域的拓展

（1）由单纯的外特性研究发展为兼顾外特性和内特性的研究

水轮机内特性试验为空化、稳定性和转轮裂纹的研究开辟了一条新的途径，使水轮机模型试验技术进入兼顾内、外特性研究的新阶段。

（2）瞬态过程的研究

随着对水轮机基本规律认识的深入及试验技术的进步，某些原本无法采用稳态试验结果研究的瞬态过程现象，也开始尝试利用稳态试验的结果加以研究。此外，国内一些科研院所已建成了水力机组过渡过程的试验研究平台，可开展包含管路系统在内的水轮机过渡过程研究。水力发电机组瞬态过程现场测试技术也得到了长足的进步。

3. 相关领域研究的深入

（1）压力脉动研究的深入

压力脉动试验仪器完成了由静态传感器到动态传感器的转变，进行了不同空化基准情况下的压力脉动研究以及不同空化基准情况下的压力脉动研究，并对水轮机模型与原型间压力脉动幅值关系和压力脉动随吸出高度的变化规律进行了深入的研究。

（2）空化研究的深入

随着水轮机大型化、巨型化程度以及对水轮机无空化运行要求的不断提高，对水轮机，特别是水轮机转轮叶片吸力面上何时何处开始发生空化的研究，即初生空化现象的研究显得十分重要。

3.1.5　其他水能利用技术

1. 漂浮式无坝水电站

传统的筑坝式水电站是通过人为筑坝后抬高水位，利用坝前后的水位差势能来发电。换一个角度来看，即使不筑坝，江河中川流不息的水流本身就蕴藏着巨大的动能，如果能够将其收集利用，这将是一个巨大的绿色能源宝库。事实上，同样的原理在利用海流发电上已经得到了应用。海流能利用研究在透平设计制造、装置的海水防腐、水下安装与锚定、固定等技术方面均有很大进展。对于远离海岸的内陆地区，江河水流能同样丰富，因此有可能也有必要像开发利用海流能一样开发利用江河水流能，漂浮式无坝水电站的设想便由此而生。

不同于传统的轴流和径流式水轮机，可选用一种结构简单的直叶片水轮机，用通过锚链或桥墩固定于不影响航道水域的浮筒支承，横卧于水面，下半部浸入水中，吸收水流的冲击动能而转动，每一个单元机组由 1~3 个水轮组成，通过增速器带动发电机进行发电或直接带动水泵抽水，如考虑防护美观，增速器和发电机可封闭于浮筒内。视情况需要，可仿照风力发电，在同一水域布置大批机组，进行大规模发电，通过水底电缆或岸边高架线并入电网，如有可能，还可建成水上风景点或科普、能源环保教育基地。图 3-16 为其单元机组总体方案示意图。

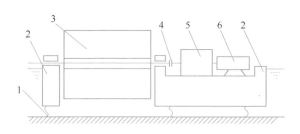

图 3-16　漂浮式水电机组方案示意图

1—固定锚链　2—浮筒　3—叶轮　4—联轴器　5—增速器　6—发电机

从发电能力来讲，无坝式水轮发电与筑坝式水力发电站是无法比拟的，单位电力的成本可能会高些。但由于其规模可大可小，无须巨额投资，筹资渠道方便，风险较少，而且如果用作分布式能源，输电成本也将大大降低。

漂浮式无坝水电站是完全利用水流的自然流动来发电的，易损的水轮叶片可以采用木材制作，除了增速器和发电机等少量机电设备本身的制造所消耗的能源和造成的污染外，不再对环境造成任何影响，这是各类发电方式中较为环保清洁的一种发电方式，符合国际能源组织的绿色水电的要求。相比而言，筑坝式水力发电站尽管仍属于绿色能源，但如前所述，其建造过程中和建成后都会对环境和生态造成一定的污染和影响。

2. 水能气动发电技术

对于水头较低的河流，若以传统的水力发电方法发电，在经济上不适宜，另外有一种途径却是有希望的，这就是利用低水头水坝拦蓄的水来压缩空气，然后利用压缩空气来驱动空气涡轮发电机发电这种发电方式称作"水能气动"发电。

"水能气动"发电，用一个简单的形象例子来形容，就能对它的机理有个基本概念。设想一个容器，譬如一把茶壶，把它倒转过来，并且没到潮水里去。涨潮，水就压迫被截留在壶里的空气；落潮，压力就减弱，壶里的空气就处于部分的真空状态。若在壶上安上个气管，随着水的深度的增大，气就从壶里流出；而随着水深的减小，气又流回去进入水壶。水能气动电能是靠安装一台以空气驱动的涡轮机来驾驭并利用通过气管的气流的能量。可以把涡轮机设计装配得任凭气流来回地改变方向，而涡轮机却总是顺一个方向旋转。

水能气动发电与传统方式的水力发电的基本不同点在于空气涡轮机对于小的压力差的反应灵敏。空气涡轮机能在小到 $5.05\,\text{kPa}$（相当于 $0.6\,\text{m}$ 的水头）的压力差下起动运行，能够在低到只有 $1\,\text{m}$ 的水头下以 80% 的效率运行。若水头超过 $4\,\text{m}$，那么传统的水轮机可能要比水能气动发电机具有更高的成本效益。

水能气动发电厂的设施如图 3-17 所示，从中可看出这种发电厂在直观上就比传统的水力发电厂要简单。它包含三个部分：气室、拦河坝和厂房。

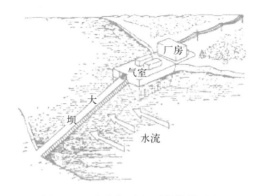

图 3-17　水能气动电厂的设施示意

3. 水下风帆式水力发电

水下风帆式水力发电装置的主要特征：采用现代高强度化学纤维软质材料和自动张开、闭合的"降落伞原理"，将"风帆"和"降落伞"的结构做了根本改变之后放入水中，故形象地称之为"水下风帆"或简称"水帆"。它具有水力发电和船舶推进两大功能：如果用有流速或有落差的水冲动它，它就可以像降落伞那样自动张开、闭合，并带动发电机转动、发电，这就构成一种水力发电装置，称为"水下风帆式水力发电装置"；如果用动力机带动它往相反方向运转，它仍然可以像降落伞那样自动张开、闭合，但将水向后推动，从而产生一个向前的反作用推力，这就构成一种船舶推进器，称为"水下风帆式船舶推进器"。

引水式：如图 3-18 所示，从引水明渠流来的水经过进水口，流入长水槽，并从长水槽下端流出，就能自动发电。和引水式水电站相比，水工建筑仅是引水明渠和一个简单的进水口，造价都极低（进水口的长度仅 1 m 左右，能使流进水槽的水速达到 3~5 m/s 即可）。为明水发电，不需要压力前池、压力水竹，以及通常的水轮机和水轮机坑等，从而极大地简化了水电站的结构。经计算，可降低总造价的 50%~60%。

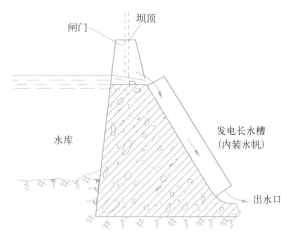

图 3-18　引水式水下风帆式水力发电示意图

水坝式：如图 3-19 所示，发电长水槽倾斜放置于水坝下游坡面上，水从坝顶面的引水渠流进长水槽发电，和现有水坝式水电站相比，减少了如下三方面的结构与费用：①水工建筑方面，不再需要深水闸门、隧洞与水轮机坑等；②设备方面，不再需要水轮机、压力钢管及其安装费用；③"发电水槽"此时已自然成为坝体的组成部分，从而省去了水槽的安装与制造费用。经计算，上述

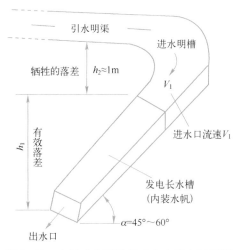

图 3-19　水坝式水下风帆式水力发电示意图

三项可节省总造价的 30%~50%。

本装置在所有适宜修建一般小型水电站的地点均可修建安装，而且适用范围更广，不适宜修水电站的水源，凡水头落差在 2~3 m 以上者，也均可使用。

本技术还特别适用于广大边远山区、乡镇，这些有水而缺电、少电或电价极贵的地区（如青海牧区等）。

4. 水能与风能互补发电

我国风能及水能资源都比较丰富，这两种资源在时间上具有天然互补性，夏秋季风速小，风电场出力低，此时正是雨量充沛季节，水电站可以承担更多负荷，而冬春季，雨量比较少，水库存储水量不多，使得水电站出力不足，而这个季节风速反而比较高，风电能够承担更多负荷。由于风的随机性，风电场出力一直在变化，水电站可快速调节发电机的出力，非常适合对风电场出力进行补偿。因此风能发电非常适合与水能发电结合，风能发电的波动可用水能发电来补偿，风能还可储存在水电设施中。这样可将两者有机结合起来，构成风能与水能互补发电的运行方式。风能与水能互补发电指的是利用风力发电机和水力发电机分别将风能、水能转化为电能，风力强劲时，充分利用风能并尽可能蓄存水能；风力资源不足，不能满足用户需要时，水电站加大发电出力，充分释放水能，各自发电系统在一个装置内互为补充，从而实现发电系统向电网稳定地供电。

市场经济的链条中风电和水电互补，其各自特性决定了互补运行可获取更大的利益。从电力市场需求方面看，风能与水能互补发电系统的运行对优化电源结构，适应新能源的发展方向，改善电网运行环境，提高供电质量、可靠性与经济性等方面的作用是非常显著的。风能与水能互补发电系统结构框图如图 3-20 所示。

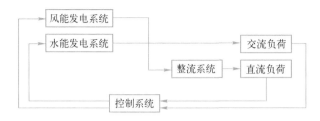

图 3-20   风能与水能互补发电系统结构框图

风能与水能互补发电系统的运行策略可描述如下：在满足一定约束条件下，使系统获得最优的收益，保证电网的安全稳定运行；能够最大化地发挥风能与水能资源价值，提高风能发电量，有效发挥水电的互补作用；通过储能装置体现风电在互补系统中的价值。根据风能、水能及负荷情况有三种运行模式：风能发电系统独立向负荷供电、水能发电系统独立向负荷供电和风能及水能同时向负荷供电。

在丰水期间，风速相对较小，水电站主要承担向负荷供电任务。在枯水期间，风能比较丰富，水电站的水流量较小，风能承担主要发电任务，水电只用于对负荷的补充调节。当风力强劲，风能发电能够满足负荷需求，此时水轮发电机处于待机状态；如果水库的水位高于正常蓄水位，水轮发电机则要利用超出的水量发电，此时多余的风能可以向蓄电池充电或向电网供电。当风电出力小于负荷需求，此时则通过调节水轮机发电来进行弥补，实际运行过程中需要两者相互协调。

5. 风、光、水能混合发电系统

这种能源开发方式将传统的水能与光能、风能等新能源开发相结合，利用三种能源在时空分布上的差异实现其间的互补开发，适用于电网难以覆盖的边远地区，并有利于能源开发中的生态环境保护。目前，已有风能、光能及两者混合发电系统的研究及应用，也有抽水蓄能电站与水资源的系统研究，但对综合考虑水能与光能、风能等三种能源互补开发系统的研究尚不多见，对风光互补抽水蓄能电站的系统配置的研究尚未见相关报道。

（1）风光互补抽水蓄能

风光互补抽水蓄能发电系统是利用风能和光能发电直接带动水泵抽水蓄能，而后利用水能转动水轮机发电供电。风光互补抽水蓄能电站系统包括光伏发电、风力发电、抽水、蓄水及水力发电等子系统，如图 3-21 所示。

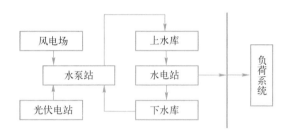

图 3-21　风光互补抽水蓄能电站系统示意图

子系统间的相互关系：因利用了光、风、水三种能源在时空分布上的不一致性进行互补开发，系统至少应该满足以下两个条件，即三种能源在能量转换过程中应保持能量守恒；抽水系统所构成的自循环系统的水量应保持平衡。

（2）风光水简单混合

风光水简单混合发电系统主要由光伏电站、风电场、水电站和调节水库组成，系统结构如图 3-22 所示。当调节水库蓄水量未满时，优先使用风能和太阳能；当调节水库蓄水量已满时，优先使用水源来水发电。当风电场和光伏电站输出功率不足时，由水电站补足，若多余则弃用。

（3）风光水抽水蓄能

风光水抽水蓄能混合发电系统主要由光伏电站、风电场、水电站、抽水蓄能泵站和上下游水库组成，系统结构如图 3-23 所示。当上水库蓄水量未达到上限时，风电场和光伏电站输出功率除供给负荷外，剩余部分用于水泵站抽水蓄

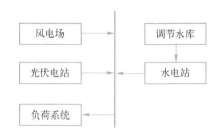

图 3-22　风光水简单混合发电系统示意图

能；当上水库储水量已达到上限时，水泵站停止抽水蓄能，风电场和光伏电站输出功率的多余部分将被弃用。

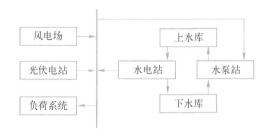

图 3-23　风光水抽水蓄能混合发电系统示意图

总结以上三种方案，可见风光水抽水蓄能混合发电系统优先使用风能、光能供给负载，不足则由水力发电补足，剩余用于抽水蓄能；风光互补抽水蓄能发电系统中风电场和光伏电站输出功率不直接供给负荷，只用于水泵站抽水蓄能，由上水库蓄水转动水轮机发电供给负载；简单混合发电系统中风电场和光伏电站的有功出力不用于泵站抽水蓄能，而是直接送到电网，剩余部分弃用，不足时则由水电站补足。

（4）水能与太阳能混合发电系统

我国很多农村水电站的水库具有较大面积的大坝，利用大坝面积建立太阳能光伏发电系统其优点在于：①节约国土资源。水库大坝下游坡面上无其他用途，在水库大坝下游坡面上铺设太阳能电池板节约了国土资源。②延迟大坝寿命。铺设太阳能电板能使大坝免受阳光直接照射，减少大坝热胀冷缩的破坏作用。③减少系统投资。可以充分利用现有的农村水电站电网，共享电力输送系统、升压站和计算机监控系统，节约系统建设的投资成本。④水电站发电并网的无功功率往往不足，而并网太阳能光伏发电系统可以对水电站进行无功补偿，同时还对电网有谐波抑制作用。

铺设在大坝上的光伏组件把太阳能转化为直流电能，通过控制器：一方面为蓄电池充电，蓄电池的电能为水电站的直流系统提供电能；另一方面由 DC/AC 逆变器把直流转化为交流电，经母线、变压器并网。水库中的水能通过压力管道由水轮机把水能转化为旋转机械能，再由发电机把机械能转化为电能，经母线、变压器并网，如图 3-24 所示。

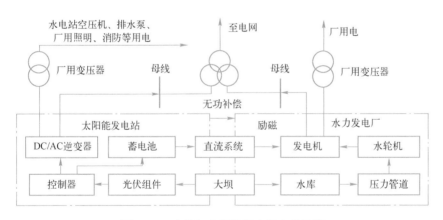

图 3-24　水能与太阳能混合发电系统图

采用农村水能和太阳能混合发电的创新模式，使两种可再生能源在发电到并网过程中具有互补优势，不仅可以充分利用资源同时可以节约成本。农村水能和太阳能混合发电系统是一种开创性的设计模式，还有很多关键技术有待研究，例如水能混合调节下的孤岛保护技术、继电保护技术、视频监控等技术方面需要在实践中不断研究和突破。

3.2　关键技术

3.2.1　水资源利用关键技术

1. 变化环境下流域多尺度高精度水文预报

（1）概述

水文预报是水文科学的重要组成部分。水文预报就是根据已知的信息（测验或分析的信息）对未来一定时期内水文要素的状态做出定量或定性的预测。

环境变化主要包括高强度的人类活动引起流域下垫面变化、全球气候变化、经济社会发展等。20 世纪 50 年代以来，人类活动影响下的流域下垫面变化显著。湖泊总萎缩面积约占湖泊总面积的 18%，陆域湿地面积减少了约 28%，森林覆盖率增加了约 10%，灌溉面积占总耕地面积从 18.5% 增长到 51.8%，城市化水平从 1980 年的 19% 升至 2020 年的 63.89%。下垫面的这些明显变化，直接影响流域的产流和汇流机制，并影响到流域的水文预报模型和方法。此外，修建的大量水利工程，不仅改变了流域的产流和汇流过程，而且改变了流域水资源的空间分布，使得原来的水文序列失去一致性，原来率定的水文模型参数也失去了代表性，不能用于对未来的预测。此外，以全球变暖为主要特征的气候变化，除了直接影响流域的蒸散发能力，还将加剧土壤的暖干化和植被的生长，进而影响流域的产流和汇流机制。因此，环境变化给流域的水文预报带来了一系列新的问题和挑战。

为了解决流域下垫面条件的变化，过去十多年来，一些计算单元相对较小、适当考虑计算单元内水热交换和平衡、以下垫面特征为主要概化对象的分布式水文模型或半分布式水文模型相继研究开发，并得到了一定的应用。目前常用的分布式水文模型包括：

1）Mike-SHE 模型。该模型是 20 世纪 90 年代中后期由欧洲共同体资助下，英国水文研究所、法国 SOGREAH 公司、丹麦水力学研究所联合研制开发的具有物理意义的分布式水文模型。

2）TOPMODEL。该模型是一个半分布式流域水文模型，其理论基础是采用变动产流面积，即降雨使得土壤饱和方产生地表径流，饱和区域的面积由流域地形、土壤水力特性和流域前期含水量等确定。

3）VIC 模型。该模型考虑了陆面过程的可变入渗能力，同时考虑了陆-气间水分收支和能量收支过程，并且考虑了蓄满和超渗两种产流机制。

变化环境降低了水文资料的代表性，因此资料缺乏地区的水文模拟问题在变化环境下显得尤为重要。由于无足够的资料序列满足模型参数率定的要求，只有通过下垫面地理信息直接提取或建立水文模型参数与下垫面要素之间的关系，以解决资料缺乏地区的水文模拟问题。

（2）关键技术

针对全球气候变化及人类活动对流域水循环的影响，通过构建流域天地协同立体水文监测体系，提高水情监测和预警预报能力，以复杂系统分析和科学理论为基础，分析变化条件下流域水文特征演变及水文情势时空格局变化规律。关键技术包括：

1）研究水利枢纽运行影响下的库区水文过程模拟技术，提出面向短中长径流预报的数值天气/气候预报后处理技术。

2）研究具有物理机制的分布式陆-气耦合水文模型和概率性区间水文预报关键技术。

3）研究不确定性要素识别及描述技术，构建预报可靠度量化评估指标体系。

4）研究基于"不确定性度量–水文规律解析"互馈机制的预报不确定性控制技术。

5）构建预报预测全过程的误差控制技术体系。

2. 水电站群多目标联合优化调度

（1）调度目标

梯级水电站群系统规划运行调度目标就是通过联合运用水库群的调蓄能力，在保证防洪安全的前提下，有计划地对天然径流进行蓄泄，最大限度地满足社会经济各部门的需要，同时维持生态环境的可持续性。

1）保证出力最大目标。梯级水电站群系统规划运行调度的经济目标主要体现在发电经济效益方面。规划运行调度过程中首先要满足电网运行的安全可靠性，这就要求在一定设计保证率下，系统的保证出力最大，并且其出力过程满足破坏深度要求；其次应尽量减小弃水电能，使系统发电量尽可能大。系统保证出力与发电量是两个不可公度的目标，两者往往成反比关系，如何综合考虑两者之间的关系，求出一个切合实际的规划运行调度方案，是一个需要研究解决的问题。

2）防洪目标。梯级水电站群系统规划运行调度的社会目标主要体现在防洪方面。梯级水电站群系统规划运行调度中，各水电站水库不仅存在水库大坝等水工建筑物自身的防洪安全问题，而且对于有调节能力的水库，往往还承担着下游防洪任务。因此，梯级水电站群系统的防洪目标主要就是根据设计阶段制定的防洪调度方式控制水库水位泄流过程，在各水电站水库严格控制汛限水位确保水库大坝工程安全的基础上，充分发挥系统内各水库防洪库容的相互补偿作用，以达到削减洪峰保障下游防护对象的目标。

梯级水电站群系统规划运行调度采取洪水联合补偿调度方式时，防洪能力远远大于单个水库防洪能力的组合。该调度方式实质上就是要求系统根据下游区间流量的大小进行控泄，使系统下泄流量与下游区间流量的组合流量不超过下游防洪控制点的安全流量。其基本思路是：首先根据各水库的入库洪水过程，按照各水库的洪水调度规则分别进行独立调洪计算，再与区间洪水合成防洪控制点的流量变化趋势；若出现超载水量，则可以调整系统内各水库的泄洪策略，达到减少防洪控制点分洪量的目的。

3）生态环境目标。梯级水电站群系统规划运行调度的生态环境目标主要体现在控制水质、水量和水沙输移方面。按照梯级水电站群系统规划运行调度生态环境稳定性规则，梯级水电站群系统规划运行调度首先要确保下游河道水功能区的水质目标，因为工农业生产、人民生活和生物生存繁殖的各种用水均需一定的水质标准，水质不达标，非但失去了资源的经济价值，而且会酿成公害，影响国家经济建设、危害人体健康和生态平衡；其次，由于梯级水电站群系统规划运行调度改变了径流量时空分配，为了维持水生生物正常的用水需求，必须保证各时期河流基本的生态需水流量指标。

梯级水电站群系统规划运行调度在满足下游河道水功能区水质控制目标的基础上，还需进一步的考虑生态需水临界流量。河道生态需水临界流量与满足河道水质控制目标的临界出流量的目标值在水库决策出流量中可以相互重合。

生态需水量的实质就是为生物提供河床形态，维持生物群落生存和栖息空间动态稳定所需水量，生态需水量不仅与生态系统中生物群体结构有关，而且还应与气候、土壤、地质和生态功能目标有关，只有在设定的生态标准下，生态需水量才具有明确的意义。

4）水质水量优化调度目标。目前河流水污染导致的水体质量问题比较突出，但由于水体的流动性和污染物自身的可降解特性，梯级水电站群系统可以根据不同时间水功能区的水污染负荷进行适度的径流量调节来增强污染物的稀释和自净能力，从而达到水质控制目标。很多水电工程的库区水环境状况是社会十分关注的问题。由于库区沿岸污染物排放没有得到根本控制，致使库区水体富营养化程度比较高，库区部分回水段和支流受水库回水顶托和回水倒灌的影响，水流的速度大大减缓，库区支流与干流的交换水量大量减弱，这对支流水体从富营养化向"水华"方向恶性发展具有加剧的作用，致使局部水域丧失了基本水体功能。

梯级水库的水量水质优化调度是一个涉及防洪、兴利与水环境多目标的问题，通过控制水库蓄水量或蓄水位的方案，来达到库区水质规划要求。在开展梯级水库不同调度运行方式下库区水动力学状态及水质状况响应关系研究的基础上，分别建立梯级水库长、中、短期水量水质优化调度模型，根据调节周期内确定性的入流过程，通过模型的优化计算，实现各水库水量与水质的最佳组合，在追求防洪、发电效益的同时，努力改善水库水质状况。

5）水库调水调沙目标。水库调度运用研究是水资源系统设计的重要组成部分。在以往的水库调度研究中，多重视水库防洪、发电、航运、给水等效益的发挥，很少甚至根本不考虑水库建成后泥沙淤积的不利影响。而泥沙淤积问题在某些情况下是相当严重的，不仅导致水库有效库容的减少，而且将危及防洪、发电、航运等效益的发挥，更严重的是将威胁水库寿命，加速水库报废。这种不利现象虽属于自然规律，但可以人工防治，将不利影响限制在一定范围之内。防治减缓泥沙淤积的措施之一便是利用水库调度的灵活方式，达到既保持水库的一定经济效益，又能减缓泥沙淤积的目的。

面对河床冲刷和侵蚀比较严重的河流，水库泥沙淤积是不容忽视的问题。根据水库泥沙冲淤现象及规律，库区不同的水流流态对应着不同的输沙流态和相应的淤积形态，而影响库区泥沙淤积形态的因素除了库区地形、水库入沙条件、库容大小和汇流情况等之外，水库运行调度方式起着决定性的作用。因此为了维持库区及下游河道一定程度的水沙冲淤平衡，就必须采用合理的规划运行调度方式，在梯级水电站群系统规划运行调度中保持一定的水沙排泄流量，这对于防止水库的泥沙淤积有着重要的意义。

就水库泥沙而言，有以下两个目标：一是库区泥沙淤积总量最小；二是泥沙淤积形态及部位最优，与此目标等价的提法是兴利库容和防洪库容最大。

6）灌溉目标。保证率国外也称为可靠度，是指满足正常供水的时段占总供水时段的百分比。目前，我国颁布的《水利水电工程动能设计规范》和《灌溉排水渠系设计规范》中，对不同的用水都明确规定了一定的供水保证率。考虑水库主要有三个兴利目标：城市工业与生活用水、经济作物用水、农业灌溉用水，对其保证率规定分别不低于95%、75%和50%。

在干旱少水期，为了尽量减少由于缺水而造成的经济损失，供水管理一般宁可选择多几个时段的轻微缺水或较小缺水，也不愿意有较少时段的严重缺水。因为某一时段或少数几个时段的严重缺水所造成的损失可能远大于即使较多时段的轻度缺水造成的损失。

7）航运目标。梯级电站发电主要是满足电力系统供电要求，由于电力系统负荷变幅较大，因此有条件的水电站应承担系统调峰。水电站承担电力系统调峰任务进行日调节时，电站发电出力及下泄流量在日内有较大幅度的变化，由此在短时间会引起电站下游河段内水力要素的大幅度变化，水位日变幅、水位每小时内的变幅，流速、水面比降等都会产生变化和波动，对船舶的平稳运行是不利的。因此在制定电站日发电计划时，应对电站日调节方式与航运的关系多论证，应充分考虑下游航道船舶安全运行要求，按所制定的调度计划运行，下游河道水力要素的变幅应在船舶安全运行范围内，协调好发电与航运关系。梯级调度中心应建立与航运部门协商机制。

（2）关键技术

水电站群多目标联合优化调度的关键技术包括：

1）针对电网对水电整体控制条件下梯级水电站群面临的精细化调度需求，构建梯级水电站群蓄能控制优化调度模型，并提出基于等蓄能线的精细化求解方法。

2）针对电网普遍存在的巨大调峰压力和大江大河着力发展的航运需求，构建耦合调峰和通航需求的梯级水电站群多目标优化调度模型，并提出集成智能算法和启发式修正策略的混合求解方法。

3）一方面，基于外部档案集等策略，着力将新兴的量子粒子群算法拓展至多目标优化调度领域，提出多目标量子粒子群优化算法；另一方面，基于 Fork/Join 框架，实现多目标遗传算法在多核环境下的并行计算，实行并行多目标遗传算法。

4）针对日益庞大的计算规模和愈加复杂的运行环境下梯级水电站群优化调度方案实用性需求，实行基于数据挖掘的梯级水电站群指令调度优化方法。

3. 水资源精细化配置策略

（1）概述

在目前人类社会要求实行可持续发展、我国水利积极向"资源水利"转变的大环境下，面对全球出现的水资源危机，尤其是我国水资源短缺、水供需矛盾突出、水生态环境恶化等严峻的水资源形势，着眼于解决水资源问题，实现水资源的可持续利用，以促进社会经济的可持续发展，人们提出了水资源优化配置的课题。

根据配置的范围、对象和规模的不同，水资源优化配置可分为灌区水资源优化配置、城市水资源优化配置、流域水资源优化配置和区域水资源优化配置等几种类型。本节要探索的主要内容就是面向可持续发展的区域水资源优化配置。所谓面向可持续发展的水资源优化配置，就是以可持续发展战略为指导思想，运用系统分析理论与优化技术，将区域有限的水资源在各子区、各用水部门间进行最优分配，从而获得社会、经济、环境协调发展的最佳综合效益。

纵观国内外水资源优化配置的研究，其研究历史不过 60 多年。在各国水利专家、学者的共同努力下，水资源优化配置从最初的小规模、单目标的灌溉用水优化，发展到大规模、多目标的流域、区域水资源优化配置。水资源优化配置研究和应用虽然取得了一定的成绩，但毕竟研究时间很短，还存在很多问题和不成熟的地方。目前存在的主要问题如下：

1）水资源优化配置的理论体系尚不完善。水资源优化配置的理论体系是指针对水资源优化配置所建立的理论、方法及其在此基础上形成的完整的体系。由于涉及自然、经济、社会以及生态环境等众多领域，国内外虽然在水资源的各个单项技术上，如区域水资源战略、防洪、水环境、灌溉、节水等方面进行了深入而广泛的研究，但对水资源优化配置的基本概念、基本原理、基本分析方法等尚未形成一个较为完善的体系。人们多是停留在利用相关词汇，而并未追究其真正含义的程度上。这样，在水资源的优化配置实施中常常缺乏理论依据和科学基础。

2）未真正体现可持续发展的原则。虽然关于水资源优化配置的概念由来已久，但是它解决水资源问题的作用常常并不像人们想象的那么大。其中原因之一就是，在建立水资源优化配置模型时，没有充分考虑社会-经济-水资源-环境的协调发展，即没有充分体现可持续发展的思想。这主要是由于人们对可持续发展思想的认识、理解和普遍接受也就是最近二十几年的事。因此，今后的水资源优化配置应该保证社会-经济-水资源-环境的协调发展，以使社会、经济、环境三者的综合效益最大。这也是面向可持续发展的资源优化配置研究的目标。具体而言，应该研究环境效益、社会效益的具体评价和量化方法，以及经济发展与水资源利用、环境保护之间协调程度的评价和量化方法。

3）重水量轻水质。传统的水资源优化配置方式，只重视水量的配置，而忽视了"质"的重要性，轻视水质的优化，造成有限水资源不能充分高效利用。面向可持续发展的水资源优化配置，应该考虑水资源系统中供需双方"质"的特性，将水质量化，并与水量一同参与优化配置，实现水资源高质高用、低质低用，分质供水。

4）水资源价值和价格研究不够。水资源不仅有使用价值，而且具有价值。长期以来，水价偏低，严重背离价值规律，造成水资源配置效率不高，水资源利用率低。水价是影响水资源优化配置的重要因素，对水资源的价值、价格研究不够，水价不合理，会导致水资源的严重浪费和过度开发。

5）现实应用很少、难以实施。虽然对水资源优化配置的研究不少，但现实中的应用却很少，难以实施。造成这一尴尬处境的两个重要原因，是工程基础设施因素和水管理体制因素。

（2）关键技术

传统水资源配置没有充分考虑人工侧支水循环过程中水厂这一连接水源和用户的关键环节，容易产生"空间配水"或"虚拟配水"，也没有考虑到城市化快速发展使得城市供水水源、用水户及水厂类型都发生变化。水资源精细化配置策略的关键技术包括：

1）分析城市水源–水厂–用户配置系统层次结构，明确城市水循环过程中水循环路径、供需水关系以及用水户之间的关系。

2）建立以社会效益、经济效益、工程效益最优为目标函数，以水源供水能力、水厂供水能力、用户需水条件等为约束条件的城市水源–水厂–用户精细化配置模型。

3）提出水厂与水源和用户精准对接方案，通过对区域水厂剩余潜力的分析，给出未来水平年水资源配置建议。

3.2.2 水力机械关键技术

1. 水力机械非稳态、非定常流动研究

随着计算机技术和计算流体动力学的发展及其应用，以及湍流理论和湍流

模型的进展，应研究水轮机全流道三维非定常湍流的数值模拟的理论和方法，分析模型和真机的流道湍流特性，计算全流道非定常湍流的瞬时流场、叶片边界层分离以及叶道涡、叶片脱流涡、叶片后卡门涡等的形成和运动规律，间隙湍流对主流的干扰和影响等，获取水轮机全流道中的流场、压力脉动分布以及流动变化对转动部件的水动作用力。开展水轮机内部非定常流动机理的研究，将有助于对水轮机内部复杂非定常流动特性的理解和旋涡运动特性的认识，并使设计者有意识地对水轮机内部非定常流动加以控制，充分利用非定常流动中所带来的益处，抑制非定常流动中可能引起的不利因素，对提高水轮机的整体性能和工作可靠性，具有重要意义。

水轮机非定常流场中，流体振荡的频率成分与水轮机系统密切相关，如叶片振动的固有频率、动静叶栅相互干扰的扰动频率及进出口流动参数的波动频率等都会产生流道内同样频率成分的流体振荡。从流体力学的观点看，振荡流意味着流体在流动过程中，流动的各种参数值随时间而脉动的物理现象。随着水轮机中叶片振动故障的不断增加，人们越来越重视叶片所受到的非定常激振力及其对叶片振动影响的研究。但是因为这个课题具有跨学科的特点，它涉及非定常水动力学和结构动力学，所以开展研究非常困难。而且由于水动力学非定常分析结果与结构动力分析中的载荷压力场相互不对应，必须将水动力学非定常分析给出的流场压力转化成结构动力分析中的压力，才能进行水力机械的流固耦合分析。所以主要困难就是如何把流体计算得出的非定常压力转换为适合于结构动力计算的压力，并引入有效的数值求解方法。由于这个课题的复杂性，固体在非定常流场扰动条件下的动力预测技术一直进展缓慢。由非定常振荡流导致的叶片高周疲劳问题乃至结构安全性问题已成为进一步提高水轮机各项性能的重大障碍。

水轮机中真实流动的非定常性不仅影响水轮机的效率、稳定性，还能激发振动和噪声，导致叶片等发生颤振失稳产生过量附加动应力而产生裂纹，甚至断裂破坏。随着水轮机不断向高比转速、大容量的方向发展，对机组的稳定性要求越来越高，非定常流动对机组稳定性的影响也会更加凸显。为了预测实际复杂流动，进行水轮机内由空间非均匀性和动静部件相对运动所导致的非定常流动的数值模拟已成为现代水轮机研究的热点问题和前沿方向。此外，还应该研究水轮机内部非定常涡流的形成和运动规律；水轮机内部非定常流动机理及其控制；水轮机瞬态过程的内部非定常流动的测试及内流机理；水轮机典型瞬态过程的非定常流动的数值计算模型和仿真技术；水轮机瞬态过程流固耦合振动机理和数值预测方法等。

2. 水力机械的空化、空蚀与磨蚀关键技术研究

现代水轮机发展的趋势是提高单机容量、比转速和应用水头。提高单机容量可以降低水轮机单位容量的造价；提高水轮机比转速可以增大机组的过流能力，缩小机组尺寸，降低机组成本；高比速反击式水轮机由于受到空化和强度条件的限制，适用的水头较低。如果能改善高比速反击式水轮机的空化性能和强度条件就能提高它的应用水头，扩大水头应用范围，从而带来巨大的经济效益。

以工质为水的水轮机流道中，水流具有较高的流速，某些局部压力降低是不可避免的，因而容易发生空化。作为叶片式水力机械的水轮机，转轮叶片绕流过程所发生的翼型空化和局部脱流的旋涡空化，具有特别重要的意义。翼型空化发生在良好绕流形状和表面光滑的翼型背面；局部脱流的旋涡空化则发生在绕流性能不良的物体产生旋涡的地方。在水轮机上这两种空化同时存在，有时彼此相互影响，形成一种特殊的空化形式。翼型空化与绕流的流动参数和翼型的几何参数有关。由于水轮机转轮各流面所截的翼栅中的翼型几何参数与流动参数的不同，在同一工况下转轮叶片各截面翼型上可能发生形式不同的翼型空化；在不同工况下，同一截面的翼型则也可能产生不同形式的翼型空化。不

同的空化形式将引起不同的空化破坏，因此，水轮机转轮的空化和空化破坏是一种相当复杂的物理过程。如果转轮叶片表面糙率过大或凹凸不平则将诱发局部脱流的旋涡空化。由于翼型空化和旋涡空化的同时存在，且彼此间相互影响，致使水轮机转轮叶片上发生的空化是十分复杂的。根据空化发生程度，一般把空化分为初生空化阶段、附着型片状空化阶段、空化云以及超空化四个阶段。超空化是空化发展的最后一个阶段，是一种充分发展的空化形态。在该阶段，空穴的尺度已经发展到整个绕流表面。长期以来，空化现象被认为是一个不易解决的问题，其原因在于到目前为止对空化的机理尚未研究得很清楚。

水轮机泥沙磨损属于自由颗粒水动力学磨损。被磨损部件为水轮机各过流部件，例如压力管道、涡壳、座环、导水机构、转轮、转轮室及尾水管，介质为水轮机的工作水流，磨粒则为水流中挟带的固体颗粒，即河流中的悬移质泥沙。由于磨损使水轮机过流部件的形状和表面发生变化，破坏了水流对表面应有的绕流条件，成为进一步加剧零件破坏的根源。如果水电站水头越高，过流部件处于严重空化条件下，以及水流中含有大量泥沙，则磨损和破坏就越加厉害。两相湍流模拟的重要问题是离散相颗粒的模拟。和水轮机内部单相流动同步，水轮机内部两相湍流也取得了长足的发展。因此有必要开展水轮机空化、泥沙磨损和多相流的关键技术研究，如水轮机空化和泥沙磨损发生的流体动力学条件；水轮机空化与磨蚀的机理与预测；水轮机空蚀与磨损的相互作用；水轮机三维空化湍流模型研究；水轮机空化和泥沙磨损条件下的性能预测分析；水力机械的空化、空蚀及其抑制，空化空蚀可视化试验技术；水力机械内部非定常流动的空化空蚀模型，抑制水力机械空化和空蚀的对策以及安全运行的评价准则；水力机械内部空化非定常流场特性和多相湍流场的结构以及空蚀的动态特性等。

3. 水力机械及系统状态分析和故障诊断研究

对于水轮发电机组，状态分析和故障诊断是需要解决的重要问题。特别需要开展以下研究：流-机-电系统耦联动态特性研究；水力机械系统的不稳定流数值仿真；水力机械系统动态参数辨识与振动荷载的动态识别技术；故障诊断的智能化理论与新技术；状态监测与故障诊断的新理论与新技术研究；水力机械安全经济运行域边界精确描述的理论与方法；水力机械故障征兆辨识的理论与分析。

（1）智能故障诊断方法研究

故障诊断技术发展至今，已经提出了大量的方法。按照国际故障诊断权威——德国 Frank 教授的观点，所有的故障诊断方法可以划分为基于知识的方法、基于解析模型的方法和基于信号处理的方法三类。由于水轮发电机组故障类型繁多，无法精确地建立对象的数学模型，这就限制了定量方法的使用。基于信号处理的故障诊断方法不需要建立数学模型，实现简单，但这种方法只有当故障发生到相当的程度并影响到外部特征时才有效，而且只能对故障范围做出粗略的判断，大多数情况下不能直接定位故障。现在人工智能的研究成果为水轮发动机组故障诊断注入了新的活力。

1）模糊诊断方法。模糊诊断方法是一种基于知识的自动诊断方法，它利用模糊逻辑来描述故障原因与故障现象之间的模糊关系，通过隶属度函数和模糊关系方程解决故障原因与状态识别问题。在复杂系统故障诊断中，故障现象与故障原因之间通常没有一一对应的关系，一种故障现象可能是由多种原因引起，而一种原因发生故障可能会产生多种现象。因此，故障具有一定的模糊性，不能把故障绝对识别为"存在"与"不存在"。对于故障的模糊现象，用传统的诊断方法往往存在一些困难，而模糊诊断则显示出其优越性。

2）神经网络诊断方法。人工神经网络是模拟人脑组织结构和人类认知过程的信息处理系统，自 1943 年首次提出以来，已迅速发展成为与专家系统并列的人工智能技术的另一个重要分支。

人工神经网络具有模拟任何连续非线性函数的能力和从样本学习的能力，

非常适合应用于故障诊断系统。应用 ANN 技术解决故障诊断问题的步骤包括：根据诊断问题组织学习样本、根据问题和样本构造神经网络、选择合适的学习算法和参数。目前使用较多的有 BP 网络、Hopfield 网络以及自组织映射网络等。

神经网络以其诸多优点，如并行分布处理、自适应、联想记忆等，在智能故障诊断中受到越来越广泛的重视，但其也存在很大的局限性，包括训练样本获取的困难性；忽视了领域专家的诊断经验知识；权重形式的知识表达方式难以理解。

3）模糊神经网络诊断方法。模糊神经网络（Fuzzy Neural Network，FNN）是模糊理论同神经网络相结合的产物。模糊逻辑理论和神经网络技术在知识表示、知识存储、推理速度及克服知识的窄台阶效应等方面起到了很大的作用，因此将模糊逻辑与神经网络融合起来构造的模糊神经网络，具有模糊逻辑和神经网络各自的优点，集学习、联想、识别、自适应及模糊信息处理于一体，既能表示定性知识，又具有强大的学习能力和数据处理能力。近年来，FNN 的理论及应用得到了飞速发展，各种新的 FNN 模型的提出以及与其相适应的学习算法的研究不仅加速了 FNN 理论的完善，而且它们在实际中得到了非常广泛的应用。

模糊方法与神经网络方法结合的主要思想，是在神经网络框架下，引入定性知识，即在常规神经网络的输入层和输出层加入模糊层，用模糊规则构造神经网络，在使网络权值有明确的物理意义的同时，保留了神经网络的学习机制。这种网络结合了模糊方法与神经网络的优势，较一般神经网络有更大的针对性。

4）专家系统故障诊断方法。专家系统是人工智能应用研究领域最活跃和最广泛的一个分支。故障诊断专家系统是人们根据长期的实践经验和大量的故障信息知识，设计出的一套智能计算机程序系统，以解决复杂的难以用数学模型来描述的故障诊断问题。其内部具有大量专家水平的某个领域知识与经验，应用人工智能技术，根据某个领域一个或多个人类专家提供的知识和经验进行推理和判断，模拟人类专家的决策过程，以解决那些需要专家决定的复杂问题。故障诊断专家系统具有很大的优越性，能够替代领域专家，并能完整地记录下推理、判断和结论的过程，提高诊断的可信度。

专家系统在水轮发电机组故障诊断中的典型应用是基于产生式规则的系统，其基本工作原理是：首先把专家知识及其诊断经验用规则表示出来，形成故障诊断专家系统的知识库，进而根据报警信息及其他一些故障征兆对知识库进行推理，得出是否发生故障以及发生什么故障，然后对诊断结果进行评价、决策。基于产生式规则的专家系统允许增加、修改或删除一些规则，以确保诊断系统的实时性和有效性；能够在一定程度上解决不确定性问题；能够给出符合人类语言习惯的结论并具有相应的解释能力等。

但是目前国内的专家系统过分依赖各种"规程规范"，不能有效地将积累的大量现场用户检修数据和实际检修经验有效融入诊断系统，专家系统的知识库和推理机制过分教条和简单，导致诊断结果的失误以致实际意义不大。因此开发水轮发电机组故障诊断专家系统必须解决不精确领域知识的表示，对征兆与故障之间关系复杂性的反映、诊断信息的充分利用和推理机制进行研究。

（2）机组状态监测及故障诊断新理论新技术研究

1）信号采集技术。信号采集是对机电设备实现状态监测与故障诊断的第一步，是故障诊断工作的重要基础，信号采集技术是对机电设备本身的工作参数、性能指标、相关物理量等信息的信号进行检测和量化的技术，而传感器则是获取各种信息并将其转换成易测量和处理的信号的器件，是信号采集的关键和主要手段。

故障信息检测与传感器技术的发展趋向：发展以高可靠性和长期稳定性为代表的检测与传感器技术；发展固定植入式和介入式检测与传感技术；发展故障信息的遥测技术；发展振动测量用光纤传感技术；发展声发射检测技术。随着微电子技术、光电技术和精密机械加工技术与传统的传感技术相结合，传感器将向微型化、多参数、数字化、实用化发展，与之配套的二次仪表将向多功能、智能化方向发展，将导致集微传感器、微处理器于一体的智能前端微系统的问世和应用。

2）信号获取技术。传感器采集的信号中，含有反映对象运行状态的信息，如何经过信号处理，剔除干扰，尽可能多地获得对象的状态信息，是信号获取技术研究的主要目的。它包括通常的信号滤波技术和信号处理技术。

概括起来，信号处理技术中状态监测参数的提取方法主要有统计分析和时域参数、谱分析和频域参数、时-频分布、高阶谱分析、小波分析技术、分形与混沌特征量。

信息获取技术新的发展方向是传感器故障滤波证实技术和多传感器信息融合技术。

3）故障机理研究。故障机理研究是对机械设备进行故障诊断的基础。深入研究机械设备在运动时的动力学特性及各部件之间的相互关系，研究设备正常运行时和发生故障后产生的各种症状与可能性，是对机械设备进行状态监测和故障诊断的前提。理论研究主要有与机械设备相关的振动理论、摩擦理论、空气动力学理论、材料失效理论等。

4）故障诊断模型研究。故障诊断模型以如何应用各种知识的诊断策略作为研究目标。一般来说，人类专家在诊断问题求解时，通常使用三种知识，一是常识性知识；二是基本的领域知识，通称为深知识；三是启发性知识，通称为浅知识。专家能按照被诊断对象的实际情况以高度集成的方式使用这三种知识。相应地，故障诊断模型可分为深知识模型、浅知识模型和深浅知识混合模型。但对复杂系统，新的研究方向是层次诊断模型。

5）故障预测与寿命分析技术。故障预测是设备诊断的重要任务之一。通过对整个设备的状态变化趋势和维修状况进行分析，计算其残余寿命，可有效确定设备的整个服役寿命和报废时间，为系统的维修、报废和改进设计奠定基础。

预测与分析的策略和方法主要有基于状态模型的故障预测方法、基于过程的长期预测方法以及集成故障预测系统等。

6）诊断决策技术。通过对故障进行诊断，可以判明故障的部位，分析故障的原因，提出排除故障的方法，从而可以提高设备维修的可适性和设备完好性，减少设备的全寿命周期费用。

国内外经过多年的发展，提出了模式识别、神经网络、专家系统等诸多诊断决策方法。

4. 水力机械及其系统运行控制研究

（1）机组稳定性

水轮发电机组及其附属设备，在机组运行过程中常常发生振动。随着现代水轮机的单机容量和运行水头的不断提高，从安全可靠与稳定运行的角度对水轮发电机组的振动研究的要求越来越高。从产生振动的原因方面来看，水轮发电机组的振动问题与普通流体机械的振动有所不同。除需考虑机组本身的固定或转动部分的振动外，尚需考虑作用于发电机电气部分的电磁力，以及作用于水轮机过流部件的流体动压力对系统及其部件振动的影响。在机组运转的情况下，流体-机械-电磁三部分是共同作用与相互影响的。因此，严格地说，水轮机组的振动是电气、机械、流体耦合振动，其与结构耦联作用十分复杂，使机组振动比一般的机械振动更为复杂。

水轮发电机组在运行过程中，有时周期性干扰力的频率等于或接近于机组的转动部件（主要有发电机转子、水轮机转轮、大轴）的固有频率，也可能发生共振。由于机组在起动、停机和飞逸工况等过渡过程中，其转速成倍于机组转动部分的固有频率，有可能产生对机组支撑部件和紧固部件非常有害的共振。水轮发电机组的一般振动不会危害机组，但当振动严重超过允许值，尤其是长期的周期振动及发生共振时，对供电质量、机组的使用寿命、附属设备及仪器的性能、机组的基础和周围的建筑物，甚至对整个水电站的安全经济运行等，都会带来严重的危害。对于大型机组，当振动剧烈时所引起的出力摆动将直接影响到电力系统的稳定性，严重时，即当系统发生共振振荡时，可能导致系统解列。振动特性常是水轮机工况的函数，特别是由水力原因引起的振动往往与水轮机工况有着密切的关系。

从理论的角度，诱发机组振动的因素按机理可大致分为三大类：

1）流动的非定常和非均匀流动引起的旋涡动力学方面的因素，例如偏离最优工况或功率调节时产生的进口来流振荡、涡壳和导叶后的不均匀流、导叶双列叶栅出口形成的卡门涡列以及尾水管空化涡带的影响等。

2）流固耦合作用方面的因素，例如转轮进口水流撞击、叶片湍流激振、叶片脱流激振、流固耦合作用会改变系统的固有动力学特性，从而使问题更加复杂化。

3）机电系统以及土木支撑系统等方面的因素，例如机械旋转不对称、旋转小间隙约束的动力学特性、水轮机调速控制系统、电磁系统以及厂房结构系统等因素的影响。这些因素的综合作用是机组的动力特性及其动力学行为极为复杂。按当前国际学术界和工程界较为通行的分类方式，流固耦合作用下结构的振动按振因可分为流弹性失稳振动、湍流激振、轴向流诱发振动、两相流激振和涡激振动五类，对于混流式水轮机振动问题，诱发振动的因素可能是单项，也可能是多因素并存激振。今后应开展水轮机三维湍流激振问题研究；涡动力学、涡脱流及其振动反馈机理研究；水轮机非定常流场中的流弹性失稳研究；结构在两相流中的振动研究。

当机组处在过渡工况、机组起动和正常停机工况以及事故工况时，水电站引水发电系统中的水流都处于一种瞬变流态，机组运行状态处在变化的过渡状态。特别是当水电站因线路故障，水轮发电机组丢弃全部负荷时，机组转速和管道压力都将发生急剧变化。水电站水力过渡过程分为小波动和大波动两类。

小波动水力过渡过程指水电站增加或减少负荷引起的水力过渡过程，通常变化速率较慢，系统中引起的波动较小。研究小波动问题在于检验小扰动情况下系统的稳定性。水电站大波动水力过渡过程是指水电站甩负荷工况下，所产生的水力过渡过程。这种工况下所产生的水力过渡过程对水电站安全运行威胁最大。研究大波动问题在于检验机电设备和水工建筑物的安全可靠性。在各种类型的水电站中，可能由于各种原因使水轮机处于大波动的过渡过程中运行。虽然过渡过程历时短暂，但在过程中所发生的一系列复杂现象，却对水轮机、水电站乃至动力系统运行的安全可靠性和运行质量，有着极为重要的影响。

随着水轮发电机组尺寸和单机容量越来越大，其结构也更加复杂，对机组安全稳定运行的要求也越来越高。一般认为活动导叶的出流与转轮入流的相互干涉引起的脱流、转轮流出的旋回水流与尾水管的相互干涉引起的压力脉动以及尾水管空化涡带等是影响机组运行稳定性的主要因素。机组振动、摆度、水压力脉动均是衡量机组运行稳定性的重要指标。振动是机组不稳定性的基本表现形式。水力机组的稳定性是其工作性能中的重要指标。克服机组运行中的不稳定成为机组设计、制造、安装、运行和检修中要解决的突出问题，无论大小机组都不例外。对于水轮发电机组的稳定运行问题，其影响因素是多方面的，而且各方面相互影响，相互制约。同时，机组在运行过程中，仍有各种新的问题出现，影响机组的运行稳定性还需要进行进一步的深入分析研究。

（2）调速器研究方向

水力机械及系统运行控制研究与非线性动力学和控制理论等多领域的发展密切相关，具有明显的多学科交叉的特点。调速器作为实现水轮机运行控制的核心部件，其研究主要从四个方面展开：其一，以水力系统、水轮机和发电机等调节系统对象的研究为基础，研究和改进调速器控制设计；其二，应用控制理论的新成果研究水轮机调速器控制策略；其三，应用控制论和非线性分析理论，研究水轮机调节系统的稳定性；其四，将水轮机相关系统纳入统一框架下，研究水机电多场耦合条件下，水轮机调速器的控制策略。

5. 抽水蓄能机组关键技术

（1）可变速抽水蓄能机组

可变速机组采用三相、交流励磁方式。为使发电电动机转速连续变化，励磁装置的输出频率须平滑变化；同时，需减少励磁电流的高频谐波，以保证发电电动机端电压质量。

1）励磁装置形式。励磁装置按变频方式区分有交-交变频（双向离子变频器 CYC）和交-直-交（Inverter-Converter System）两种方式。前者是将工频交流直接变换成不同频率的交流输出；后者是将工频交流变换成直流再变换成不同频率的交流输出。其中，双向离子变频器具有低损耗、元件额定电压高、变换器尺寸小的特点；Inverter-Converter system 目前已由 GTO（可关断晶闸管）发展到了 IEGT（电子注入增强型晶闸管）阶段，由于逆变器体积减小，使得设备所占空间减小同时减少了损耗，整个装置无须无功补偿，并且减少了谐波。

励磁装置按整流方式分有自励式和他励式。自励式的特点是变换器自身提供元件整流电压，因此无须进行无功电力补偿，可将发电电动机小容量化；他励式的特点是元件整流电压由其他交流电源提供，当系统故障时，机组有功输出（入）功率大，有助于系统稳定。

2）机组控制方式。可变速机组在发电工况下可采用转速优先或功率优先两种控制方式。转速优先方式，即将转速信号输入励磁系统，通过控制输出电功率来调节转速；功率优先方式，将转速指令输入导叶控制系统，通过控制水泵水轮机的输出功率来控制转速。

转速优先方式可减少导叶运动次数，相应减少导叶轴套磨损和减少水压脉动；减少变换器容量。

功率优先方式反应速度快，但对速度的调节范围大（可能会产生过调），励磁装置容量大。对同样机组，当两种方式的调节时间要求一致时，功率优先的励磁调节装置容量约大 2.5%。

机组抽水工况时，均以速度优先方式进行调节。

（2）水泵水轮机流动特性

水泵水轮机今后发展的趋向是扩大单级转轮的使用水头，提高比转速，增加单机容量和优化水泵工况起动方法。因此，研究高水头水泵水轮机内部流动规律及其流道和转轮叶片的设计方法具有十分重要的理论意义和实际应用价值。高落差水泵水轮机的引水和导水机构（包括蜗壳、固定导叶、活动导叶）的水力损失较大，其数量级几乎可与转轮中的水力损失相比较，设计的优劣将直接影响转轮的来流条件，对整个水泵水轮机的效率影响较大。因此进行水泵水轮机的水力设计，首先要设计合理的引水、导水机构。

水力设计是对水泵机水轮引水、导水机构的统称，这部分的结构设计与工作性能直接影响着设备的综合性能。蜗壳主要作用于设备引水进程中，保证向导水机构提供均匀充足的水流量。为加强蜗壳的工作性能，在设计中蜗壳的断面逐渐减小，蜗壳在设备运行期间会形成环量来减轻导水机构的工作强度。在设计蜗壳时，截面环量、圆周速率与轴向速度夹角是两个重要参数，获取设计所需的全部参数后，要严格按照计算公式进行计算。导叶的设计主要是为了控制水流方向，由于水流的进出都需要通过水泵水轮机复杂的导叶结构才能够完成，因此对于头部和尾部导叶结构并没有严格的界限。根据速度的相关物理知识可以判断出水流进行导叶入口后速度会发生方向变化，一个是切向速度，另一个则是径向速度。在得出相关参数数据后，套用计算公式就可以得出设计需要的相关内容。三维建模可以更好地帮助设计人员消除误差，改善设备性能，在建立三维模型时可以借助 UG 三维建模软件完成相应工作。

目前，水泵水轮机的压力脉动研究是国内外工程技术领域研究的热点和难点，主要从两个方向开展研究：水泵水轮机流道内部复杂非定常的流动现象；

不稳定流动与水泵水轮机结构部件之间的相互作用以及能量传递机理。到目前为止，关于水泵水轮机的研究更多的是将内部非定常流动的研究与过流部件结构振动特性分开考虑，忽略了流场与结构场之间的相互耦合作用。随着湍流相关理论的逐渐完善，流固耦合计算方法研究的深入，以及在试验研究方面流动和振动测量技术的快速发展，使得水泵水轮机的稳定性研究成为可能。

（3）水泵水轮机流固耦合

目前关于流固耦合问题的解决方法一种是强耦合解法，即直接耦合式解法，在同一求解器中求解流体和固体的控制方程，但是考虑到同步求解的收敛难度问题和耗时问题，直接耦合解法还没有在实际工程问题中应用；另外一种是弱耦合解法，即分离解法，由于其最大限度利用已有的计算流体力学和计算固体力学的方法和程序，只需对它们做少许的修改，而且对内存的需要大幅降低，可以用来解决很多实际工程问题。

水力机械中流固耦合的研究目前主要侧重是研究过流部件的强度和振动特性，主要考虑流体载荷对结构振动的影响。在水力机械的运行过程中，流场会出现强烈的压力脉动。目前关于流场中压力脉动的研究主要是单独计算流场，研究流动过程中出现的流动分离、旋涡、旋转失速等现象的压力脉动规律，而考虑结构变形对流动过程中压力脉动影响的流固耦合研究还比较少。

对于水泵水轮机等水力机械中的流固耦合研究由于过流部件尺寸较大，变形相对较小，研究中主要考虑的问题是流固耦合面的处理方法，包括流体网格与固体网格之间的载荷传递问题、流体网格与固体网格间的几何变形问题，以及不同时间步上解的同步问题。关于水泵水轮机流固耦合的研究，需考虑固体变形对流场压力脉动的影响，还需要进行包括空化、考虑流体的可压缩性的数值模拟研究。

对于水泵水轮机等水力机械的流固耦合，研究国内学者对流固耦合面上的数据传递、结构场的数值计算算法研究比较少，而国外在这方面做了很多研究工作。

3.2.3　大坝健康服役关键技术

1. 重力坝工作形态分析

高重力坝在长期服役过程中，发挥巨大工程效益的同时，也存在一定的风险。影响高重力坝长期安全运行的因素很多，包括坝身坝基材料的演化规律、大坝-地基系统强度和稳定性、坝身纵缝开合、坝基渗流等。如何精确模拟重力坝真实服役性态、分析评价大坝安全度并进行安全调控、提高大坝运行安全度逐渐受到大家的重视，国内外进行了大量的研究。

目前分析大坝真实服役性态的方法有多种，包括试验方法、经验判断方法、数值分析方法。其中室内模型试验方法，经济、人力和时间消耗大，不易重复，并且模型的相似性、不同荷载的模拟尚存在未解决的问题；经验判断方法不能反映大坝的具体工作性态，是比较粗略的安全评价方法；数值分析方法主要包括弹性理论法、有限单元法等。

20 世纪 60 年代以后，随着计算机的发展，有限单元法逐步在大坝等水工建筑物上得到应用。但由于大坝及基岩工作条件复杂，荷载、计算参数、边界条件、计算方法等难以精确模拟，使目前水工设计与工程实际难以吻合，甚至有时会有较大出入。

为建立精确计算模型，1971 年 Kavangh 基于太沙基在 1969 年提出的观测设计法（Observational Design Method）根据试验和有限元法得到的应变和位移来反演材料物性参数的反分析方法。

此后，对水利工程中的大坝反分析方面，国内外都开展得比较深入，并取得较多成果，Bonaldi、Fanalli 和 Giuseppti 等提出了有明显概念的确定性模型，并以此来反演坝体的弹性模量和温度的线膨胀系数，在大坝的反馈分析中起到了积极作用；葡萄牙国立土木工程研究院（简称 LNEC）利用施工期间浇筑混凝土的温度观测资料，反馈温控设计和控制接缝灌浆的时间，对实际工作有一定的指导意义；我国在 20 世纪 70 年代末，陈久宇教授结合刘家峡、响洪甸大坝工程建立了统计模型，并用平面理论解析法反演坝体混凝土弹性模量，用有效指数法分析刘家峡重力坝横缝的结构作用，用非线性参数迭代法反演坝体混凝土的渗流扩散系数等；吴中如在 20 世纪 90 年代初提出利用原型观测资料，由确定性模型及统计模型结合有限元成果，反演坝体混凝土的弹性模量和温度线膨胀系数以及坝基的平均弹性模量，在实际工程中得到了广泛的应用。

重力坝设计中认为纵缝应该是闭合传递压力和剪力的，一旦张开会影响大坝工作性态，但纵缝实测结果显示有张开现象，纵缝张开的原因和影响目前国内外还没有比较统一的认识。

对于重力坝坝基渗控体系进行智能调节的工程案例，目前国内外比较少见，也未见相对成熟的重力坝运行安全评价的方法和准则。

2. 混凝土坝抗震安全评估技术

在大坝设计和安全评价中考虑地震作用的影响大约起始于 1930 年前后，当时主要按拟静力法进行大坝的抗震设防，动水压力则按 Westergaard 的近似公式进行计算。2000 年前后，混凝土坝动力分析方法发展较快，尤其是拱坝动力分析方法，能实现考虑坝体-库水-地基相互作用、横缝接触非线性、坝基交界面接触非线性或混凝土材料非线性、近场地基主要地质构造、地震动不均匀输入等因素的综合非线性动力分析，但在拱坝坝肩稳定、重力坝抗滑稳定分析方面，仍主要沿袭基于静力概念的刚体极限平衡法，急需加以改进。

混凝土材料的动态性能研究是目前大坝抗震研究中的一个薄弱环节。大量试验研究的结果表明混凝土是率敏感材料，其强度、刚度、延性等均随加载速率而变化。但是，在目前混凝土坝的抗震设计中，对混凝土的率相关特性做了过分的简化。即不管大坝的动态特性如何，采用的材料性质如何以及可能输入的地震波特性如何，一律将混凝土大坝在地震作用下的强度与弹性模量较静力情况下提高一个相同的百分比，这显然是不合适的，并且目前关于混凝土率敏感性的研究还主要限于单轴、单调加载方面的试验研究。混凝土的动态特性在大坝抗震设计和安全评价方面的应用目前还处在初步阶段。

强地震作用下混凝土大坝地震损伤发展的数值模拟以及超载潜力的估计是大坝抗震安全评价的重要环节。但是，迄今为止只有为数不多的作者进行过地震作用下混凝土大坝非线性地震响应与损伤发展的分析，而且以二维混凝土重力坝的分析居多，对拱坝所进行的分析则非常有限，且引入了一定的简化和假定。大坝抗震安全评价准则正处在发展阶段，目前不同国家都提出了一些新的设想，各国甚至各个设计单位都没有取得共识。因此，美、欧、日等许多国家目前正在酝酿制订新的大坝抗震设计方法和安全评价准则。各国大坝地震设防标准的不一致，实际上反映的是对大坝抗震能力认识的不一致。总的看来，对混凝土大坝的抗震安全性目前还缺乏比较科学的评价标准和方法，在很大程度上还需要依靠设计者的经验和判断。

3. 土石坝抗震安全评估技术

土石坝工程动力特性研究主要包括试验研究和本构模拟两个方面。其中试验研究是本构模拟的基础。土石料具有强非线性性质，其动力性质更为复杂。同时由于实际堆石料颗粒粒径过大，给试验研究带来极大的困难。目前，国内外常用的大三轴仪试样直径一般为 30 cm 左右，试样颗粒料最大粒径要求不超过 6 cm。

目前，基于黏弹性理论的 Hardin 模型粗粒料土体动力反应分析是一种广泛采用的本构模型。沈珠江等（1996）提出了适用于堆石料的等价黏弹性动力本构模型，该黏弹性模型包括平均剪切模量、等价阻尼比、残余剪应变和残余体应变（不排水条件下补充振动孔隙水压力）等参数。Matasovic 和 Vucetic 通过对饱和砂土和黏土等应变幅的不排水动三轴试验，提出了振动次数的增加导致动孔压逐步增大，材料的动应力-应变骨干曲线发生了软化现象。2010 年，朱晟通过复杂高应力条件下粗粒料振动试验，提出了能较好地反映材料振动硬化特性的幂函数型动应力-应变关系模型。

弹塑性动本构模型主要应用于饱和砂土的动力反应分析研究方面。李亮等（2005）利用土体的塑性流动理论，提出了基于 SMP 破坏准则的土体弹塑性动力本构模型，用于描述饱和砂土的动力反应性质。高志军（2010）建立了一个基于剑桥模型的、能够比较准确反映砂土剪胀性变化的本构模型，并且通过大量的三轴试验对建立的模型进行了模拟和验证。

1966 年，Clough 等首先将有限单元法应用于土石坝的动力分析，假定土坝材料具有均匀的线弹性性质，并用振型叠加法进行分析。随后，Seed 等提出了用等价线性方法考虑土的非线性特性。在有限元法的分析中，根据是否考虑孔隙水对土体动力性质的影响，可以分为总应力法和有效应力法。1969 年，Seed 等对谢菲尔德（Sheffield）坝进行了二维总应力动力分析，获得了较满意的结果。1973 年，Idriss 和 Seed 引入插值的等价线性化方法，通过线性黏弹性模型，进行了土坝地震反应分析。邓肯（Duncan）和张（Chang）提出了 Duncan-Chang 双曲线模型。1981 年，Mejia 和 Seed 把总应力动力反应分析法推广到三维空间问题，提出了三维动力反应分析的总应力法。由于总应力分析法不能考虑动力荷载作用过程中孔隙水压力的增长规律，从而无法考虑由此而引起的平均法向有效应力的减小对剪切模量的影响。为此有效应力分析法得到了人们的重视。1936 年，Terzaghi 发表了关于饱和土的有效应力原理概念。1969 年，Sandhu 和 Wilson 用有限元分析了 Biot 二维固结问题，开创了土工有效应力分析。

1977 年，Finn 首先提出一维有效应力动力分析方法，计算地震作用下水平地面以下饱和砂层中的孔隙水压力。

长期以来，工程上惯用拟静力法进行抗滑稳定分析来进行土石坝的抗震安全评价。随着土力学和非线性动力学学科的形成、计算技术的快速发展，以及人们对大量土石坝震害现象调查研究的不断深入，形成了多种土石坝地震稳定性分析方法，但一般都包含稳定和变形两个方面。目前土石坝的抗震安全评价方法主要包括拟静力极限平衡分析法、整体变形分析法和 Newmark 滑块位移法。在对土石坝进行动力稳定性分析时，常同时计算坝坡的稳定安全系数和坝体地震永久变形，为评价土石坝的抗震安全性提供了参考。

水力劈裂是高土石坝（特别是土质心墙坝）设计中需要重点考虑的问题。Clark 首先提出了"水力劈裂"，Ng 等利用节理单元模拟心墙施工层面，以 Biot 固结理论为基础分析了坝体应力和孔隙水压力的关系，并分析了水力劈裂可能产生的裂缝。黄家森通过对国内外 36 座典型土石坝裂缝情况分析，发现土质心墙裂缝的产生，一般主要是由于峡谷横向性状不对称以及河床地基不均匀引起，不均匀沉降还会在不同坝体材料接触带形成内部或表面裂缝。从目前对水力劈裂的研究来看，还没有太多的关于地震动荷载作用下的心墙水力劈裂研究，因此，非常有必要开展地震作用下的心墙水力劈裂方面的研究。

4. 强震作用下地质灾害预测技术

水库的修建必将改变库区岸坡的自然地质条件，带来一系列地质环境问题，而强震频发区潜在的地震威胁则进一步加剧了库区发生地质灾害的可能性。不但在地震过程中可能会发生各种地质灾害，在震后由于山体震松，一旦再遭遇一定强度的降雨，则极易发生滑坡、泥石流、堰塞湖等地质灾害。

从形成机理和分析预测方法上来说，强震作用下地质灾害的分析预测还不成熟、不完善。边坡稳定分析是一个古老的问题，已有上百年的研究历史，其中有代表性的是 Zienkiewicz 在 1975 提出来的有限元强度折减法。与常规边坡稳定分析不同，水位的涨落使得库岸边坡受库水位变化影响较大，地震情况下边坡稳定分析更为复杂，现有方法大多是对地震荷载进行简化后直接作用于边坡，过于简单粗糙，而到目前为止，地震作用下库岸边坡超孔隙水压力的增长和消散过程，还未见在数值分析中得到反映。边坡稳定分析及其失稳滑动过程尚可以利用数值方法得到相对可信的解答，而滑坡体入水产生涌浪的过程则在相当长的时间内基本停留在经验公式的水平上，研究方法以模型试验、经验公式估算及统计回归分析为主。泥石流成灾机理及灾害预测方面则更是由于对泥石流特性和本构关系的缺乏而更多的研究集中在定性评判上，对于机理的研究、灾害的预测未有成熟的技术。堰塞湖形成机理及其防治实际上是在 5.12 汶川地震之后才受到应有的重视，这方面的研究主要是在通过现场灾害现象的实地调查，定性分析可能的形成机制，更多研究集中在灾害的应急处理方面，对于形成机理及防治缺乏系统的研究。

第4章　水能技术发展路线图

4.1　常规水电发展技术路线图

1. 2020 年前后

（1）技术方面

在小水电利用方面，发展鱼友型水轮机设计技术、无坝微水头整装式水轮机组研发技术、水利筑坝与鱼类资源保护和小水电机组 3D 打印技术。

在高水头、大流量机组开发方面，加快高寒高海拔高地震烈度复杂地质条件下筑坝技术、高坝工程防震抗震技术、超高坝建筑材料、重大事故风险预警与控制及开发水电工程安全生产管理信息系统等技术攻关；研制百万 kW 级大型水轮发电机组技术、40 万 kW 以上超高水头大型冲击式水轮发电机组；研发浸没式蒸发冷却、机组柔性起动和水轮机非定常流运行等技术。

"互联网+"智能水电站技术，利用物联网、云计算和大数据等技术，研发和建立数字流域和数字水电，探索"互联网+"智能水电站和智能流域。

（2）规模方面

2020 年前后，我国常规水电装机容量达 3.54 亿 kW，年发电量为 13220 亿

kW·h，其中东部地区（京津冀、山东、上海、江苏、浙江、广东等）开发总规模达到 3520 万 kW，约占全国的 10%，水力资源基本开发完毕；中部地区（安徽、江西、湖南、湖北等）开发总规模达到 6150 万 kW，约占全国的 17.5%，开发程度达到 90% 以上，水力资源转向深度开发；西部地区总规模为 2.54 亿 kW，约占全国的 72.5%，其开发程度达到 54%，其中广西、重庆、贵州等省市开发基本完毕，四川、云南、青海、西藏还有较大开发潜力。

2. 2030 年前后

（1）技术方面

在小水电利用方面，建立环境友好型水能利用评价指标，开展环境友好型水轮机总体设计。

在高水头、大流量机组开发方面，解决高寒高海拔地区特大型水电工程施工技术，开展大坝（群）安全风险评价体系、灾害风险评估和监测预警技术研究；研制 100 万 kW 以上超高水头大型冲击式水轮发电机组；实现"互联网+"智能水电站和智能流域。

（2）规模方面

2030 年前后，我国常规水电装机容量将达 4.3 亿 kW，年发电量达 18530 亿 kW·h。其中东部地区 3550 万 kW，约占全国的 8% 左右；中部地区 6800 万 kW，约占全国的 16%；西部地区总规模为 3.26 亿 kW，约占全国的 76%，其开发程度达到 69%，四川、云南、青海的水电开发基本结束，西藏水电还有较大开发潜力。

3. 2050 年前后

（1）技术方面

实现生态友好环境下的智能水电与其他各种新能源利用技术和全球能源互

联运行模式下的储能技术，实现大型水库水温差发电技术和大型水库区域建设太阳能电站等技术；实现漂浮式无坝水电站、水能气动发电技术和水下风帆式水力发电各种技术；实现"互联网+"智能设计、智能制造、智能水电站和智能流域综合技术。

（2）规模方面

2050 年前后，我国常规水电装机容量将达 5.1 亿 kW，年发电量达 24050 亿 kW·h。其中东部地区 3550 万 kW，约占全国的 7%；中部地区 7000 万 kW，约占全国的 14%；西部地区总规模为 4.06 亿 kW，约占全国的 79%，其开发程度达 86%，新增水电主要集中在西藏自治区，西藏东部、南部地区河流干流水力开发基本完毕。水能资源开发利用程度由 2013 年的近 36% 提高到 2050 年的 90% 以上，水电开发程度显著提高，对保障我国能源安全、优化能源结构将发挥重要作用。

4.2　抽水蓄能发展技术路线图

1. 2020 年前后

解决 40 万 kW 级、700 m 级超高水头超大容量抽水蓄能机组设计制造技术、水电厂稳定运行技术；研发 20 万 kW 级变速抽水蓄能机组，攻克 5 万 kW 级海水抽水蓄能机组装备制造技术；研究双向水力稳定性和效率高度融合技术；解决电力体制改革背景下抽水蓄能电价形成机制。

抽水蓄能电站容量达到 4000 万 kW。

2. 2030 年前后

实现 40 万 kW 变速抽水蓄能机组，研制 30 万 kW 以上海水抽水蓄能机组装备制造技术，解决抽水蓄能水电厂的智能化；攻克抽水蓄能电站智能故障诊断技术；实现 3D 打印技术在抽水蓄能电站中的应用技术；实现基于物联网、大数据及云计算的生产管理智能化技术。

抽水蓄能电站容量达到 1.1 亿 kW。

3. 2050 年前后

研发 1000 m 级超高水头超大容量抽水蓄能机组设计制造技术，实现"互联网+"抽水蓄能机组智能设计、智能制造，抽水蓄能服务全球能源互联网的支撑技术，面向能源互联网的未来智能化抽水蓄能发展技术，以及基于新型光电信息材料的设备传感测量技术。

抽水蓄能电站容量达到 1.6 亿 kW。

水能技术发展路线图如图 4-1 所示。

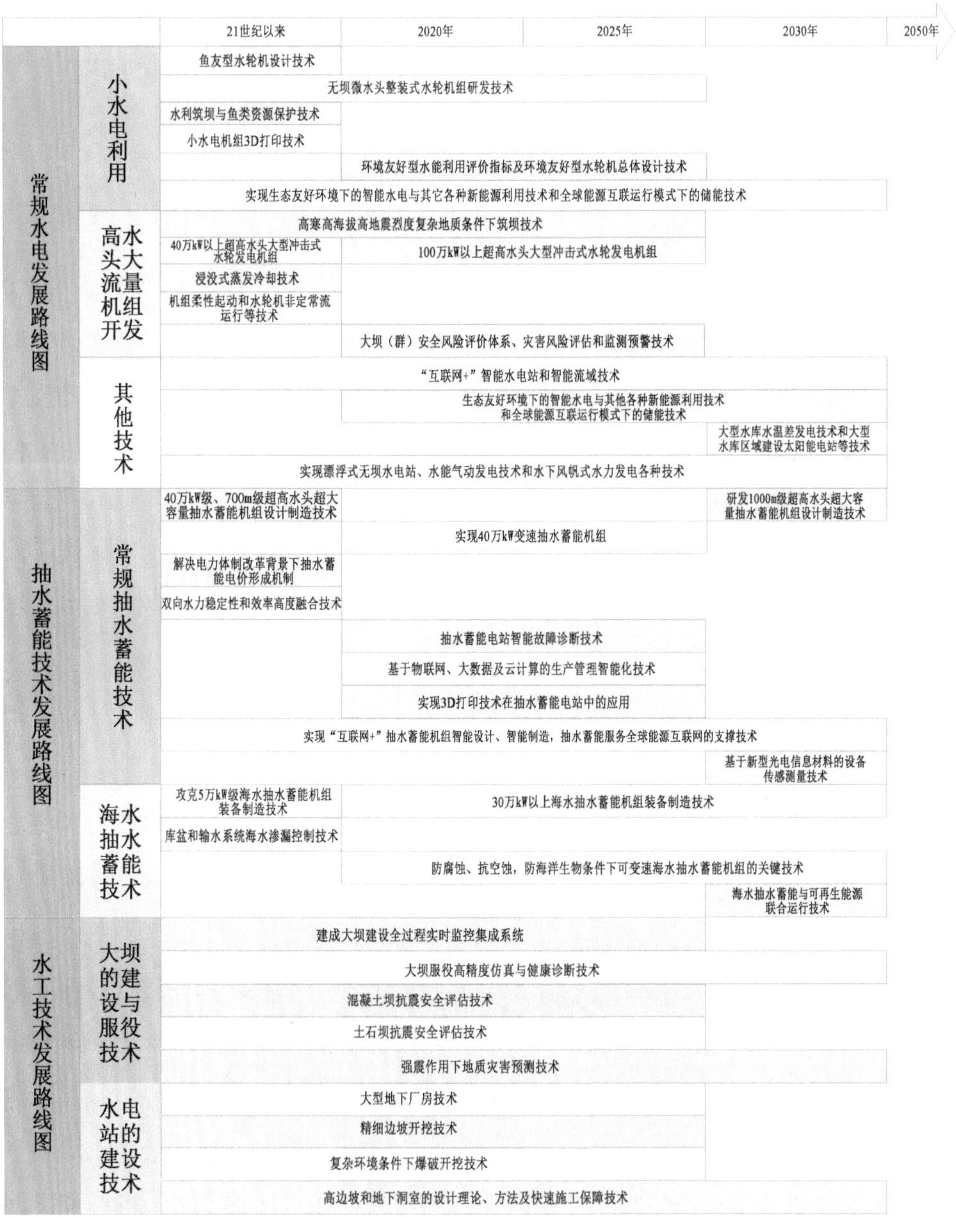

大类	小类	21世纪以来	2020年	2025年	2030年	2050年
常规水电发展路线图	小水电利用	鱼友型水轮机设计技术				
			无坝微水头整装式水轮机组研发技术			
		水利筑坝与鱼类资源保护技术				
		小水电机组3D打印技术				
			环境友好型水能利用评价指标及环境友好型水轮机总体设计技术			
		实现生态友好环境下的智能水电与其它各种新能源利用技术和全球能源互联运行模式下的储能技术				
	高水头大流量机组开发		高寒高海拔高地震烈度复杂地质条件下筑坝技术			
		40万kW以上超高水头大型冲击式水轮发电机组	100万kW以上超高水头大型冲击式水轮发电机组			
		浸没式蒸发冷却技术				
		机组柔性起动和水轮机非定常流运行等技术				
	其他技术		大坝（群）安全风险评价体系、灾害风险评估和监测预警技术			
			"互联网+"智能水电站和智能流域技术			
			生态友好环境下的智能水电与其他各种新能源利用技术和全球能源互联运行模式下的储能技术			
					大型水库水温差发电技术和大型水库区域建设太阳能电站等技术	
		实现漂浮式无坝水电站、水能气动发电技术和水下风帆式水力发电各种技术				
抽水蓄能技术发展路线图	常规抽水蓄能技术	40万kW级、700m级超高水头超大容量抽水蓄能机组设计制造技术			研发1000m级超高水头超大容量抽水蓄能机组设计制造技术	
			实现40万kW变速抽水蓄能机组			
		解决电力体制改革背景下抽水蓄能电价形成机制				
		双向水力稳定性和效率高度融合技术				
			抽水蓄能电站智能故障诊断技术			
			基于物联网、大数据和云计算的生产管理智能化技术			
			实现3D打印技术在抽水蓄能电中的应用			
			实现"互联网+"抽水蓄能机组智能设计、智能制造，抽水蓄能服务全球能源互联网的支撑技术			
					基于新型光电信息材料的设备传感测量技术	
	海水抽水蓄能技术	攻克5万kW级海水抽水蓄能机组装备制造技术	30万kW以上海水抽水蓄能机组装备制造技术			
		库盆和输水系统海水渗漏控制技术				
			防腐蚀、抗空蚀，防海洋生物条件下可变速海水抽水蓄能机组的关键技术			
					海水抽水蓄能与可再生能源联合运行技术	
水工技术发展路线图	大坝的建设与服役技术		建成大坝建设全过程实时监控集成系统			
			大坝服役高精度仿真与健康诊断技术			
			混凝土坝抗震安全评估技术			
			土石坝抗震安全评估技术			
			强震作用下地质灾害预测技术			
	水电站的建设技术		大型地下厂房技术			
			精细边坡开挖技术			
			复杂环境条件下爆破开挖技术			
		高边坡和地下洞室的设计理论、方法及快速施工保障技术				

图 4-1 技术发展路线图

第 5 章　结论与建议

5.1　结论

自 1910 年云南石龙坝水电站开工建设至今的 100 多年以来，我国水电建设取得了巨大成就。特别是改革开放以来，随着国民经济对电力需求的快速增长及水电建设管理体制改革的推进，水电开发进入了一个新的发展阶段。从技术水平来看，我国已经成功建设了类型各异、技术复杂的众多大型、巨型水电站，在高坝筑坝重大技术装备、水电站运行管理等方面取得了重大突破，一大批世界级工程在我国建成并投入运行，我国的水电建设已经走在了世界的前列。

（1）中、小水电利用

在小水电利用方面，发展无坝微水头整装式水轮机组研发技术，解决鱼友型水轮机设计技术，实现生态友好环境下的智能发电，发展水电与其他各种新能源综合利用技术，实现全球能源互联运行模式下的储能技术。

发展大型水库水温差发电技术和大型水库区域建设太阳能电站等技术；发展漂浮式无坝水电站、水能气动发电技术和水下风帆式水力发电各种技术；发展小水电机组 3D 设计、打印一体化技术，实现"互联网+"智能设计、智能制造、智能水电站和智能流域综合技术。

（2）高水头、大流量水能利用

在高水头、大流量水能利用方面，研究高寒、高海拔、高地震烈度、复杂地质条件下筑坝技术，研究高坝工程防震抗震、超高坝建筑材料等技术；开展百万 kW 级混流式水轮发电机组设计、制造技术。

研制 40 万~100 万 kW 超高水头大型冲击式水轮发电机组，研究浸没式蒸发冷却、机组柔性起动等技术。研究"互联网+"智能水电站技术，利用物联网、云计算和大数据等技术研发和建立数字流域和数字水电，探索"互联网+"智能水电站和智能流域。

（3）抽水蓄能电站

解决 40 万 kW 级、700 m 级超高水头超大容量抽水蓄能机组设计制造技术、水电厂稳定运行技术；研发 20 万 kW 以上变速抽水蓄能机组，解决 20 万 kW 级以上海水抽水蓄能机组装备制造技术、双向水力稳定性和效率高度融合技术；解决电力体制改革背景下抽水蓄能电价形成机制；解决抽水蓄能水电厂的智能化和智能故障诊断技术，实现 3D 打印技术在抽水蓄能电站中的应用。

研发 1000 m 级超高水头超大容量抽水蓄能机组设计制造技术，实现"互联网+"抽水蓄能机组智能设计、智能制造，抽水蓄能服务全球能源互联网的支撑技术，面向能源互联网的未来智能化抽水蓄能发展技术，以及基于新型光电信息材料的设备传感测量技术。

（4）发展规模

常规水电方面，2020 年前后，我国常规水电装机容量达 3.54 亿 kW，年发电量为 13220 亿 kW·h，水电开发程度达 52.3%；2030 年前后，我国常规水电装机容量将达 4.3 亿 kW，年发电量为 18530 亿 kW·h，水电开发程度达 65%；2050 年前后，我国常规水电装机容量将达 5.1 亿 kW，年发电量为 24050 亿 kW·h，水电开发程度达 77%。

抽水蓄能方面，2020 年前后，我国抽水蓄能电站容量达到 4000 万 kW，

2030 年前后，我国抽水蓄能电站容量达到 1.1 亿万 kW，2050 年前后，我国抽水蓄能电站容量达到 1.6 亿万 kW。

（5）水工技术方面

优化筑坝方案，建成大坝建设全过程实时监控集成系统，及时对现役大坝进行高精度仿真与健康诊断；对大坝可能遇到的极端灾害进行风险调控，发展强震作用下地质灾害预测技术；实现重力坝工作形态分析技术、混凝土坝抗震安全评估技术和土石坝抗震安全评估技术。

5.2　建议

总体来看，我国水电开发在取得巨大成就的同时，依然面临着建设任务紧迫、移民安置难度增加、生态环境保护要求提高以及体制机制障碍逐渐显现等新形势和新问题。

（1）坚持"保护中开发，在开发中保护"的水电发展理念，大力发展生态友好型中、小水电

大力发展水电，正确处理生态环境保护与水电开发的关系，开发应坚持生态环境保护优先，积极、科学、合理开发利用的原则，在保护中开发，在开发中保护，正确处理好保护与开发的关系，贯彻落实科学发展观，促进人与自然和谐相处，必须以水资源的可持续利用支撑经济社会的可持续发展，把维护河流健康作为水资源开发利用的基础和前提。围绕低水头、大流量中小水电设备的制造、微小水电的稳定与长期运行技术以及机组自动控制技术、生态友好型小水电设计准则、鱼类友好型水轮机设计、"互联网+小水电/智能云电站"技术和生态友好的大坝建设的生态准则，开展前瞻性研究和关键科技问题集中攻关，进行新技术的推广应用及产业化，最终成为清洁可再生能源的一大支柱。

要把水电开发的生态环境影响纳入经济、社会、环境整体系统进行分析评价。在水电建设过程中，一要加强水电开发环境影响评价体系和技术标准以及环境保护设计技术标准的建设与完善，进一步规范水电工程环境影响评价；二要加强水电开发相关生态环境保护措施的研究，尽量避免、减轻水电开发对生态环境产生的重大影响；三要建立切实可行的生态环境补偿机制；四要加强宣传，正确引导舆论和媒体，全面、系统认识水电开发对环境的影响，形成良好的水电开发氛围。

（2）大力发展抽水蓄能电站，理顺电价形成机制，加强电网与电源建设协调

积极开展抽水蓄能电站作用和价格形成机制研究。水电作为"电力系统友好型"新能源，应该实行"优质优价"，要彻底扭转长期以来水电电价低于煤电电价的局面，用价格杠杆引导社会投资水电的积极性。建议水电电价由基本电价加环保电价构成。充分考虑水电基地梯级开发时序和开发规模，在全国大能源流向格局基础上明确水电基地消纳和送电方向，实现全国一盘棋。在东中部地区预留水电消纳市场的同时，要加强特高压电网输送通道建设，实现我国水电在全国范围内的资源优化配置，实现区域间互补、水火间互补。建议大型水电基地的水电项目在核准时要同步核准电网送出配套工程。

（3）创新水电移民工作思路，解决水电移民安置问题

探索完善移民安置政策。完善移民补偿制度，创新移民安置方式，坚持移民先行，做到"先移民，后建设"，出台配套政策支持适当超前开展移民安置工作，建立移民安置后评估制度，加强对移民的培训和宣传。广泛听取工程移民及安置区老居民对移民安置规划的意见，建立健全移民管理机构。

（4）积极、有序地开发藏东南雅鲁藏布江等水能资源，推进高水头大流量水资源开发利用

一方面，藏东南的水能资源十分丰富，雅鲁藏布江源地海拔高、地质条件

复杂，河流水量充沛、水道长、落差大，有极大的开发潜力。拟建的墨脱水电站，装机容量是三峡水电站的 2 倍，为世界超级水电站。

　　另一方面，藏东南的水能资源开发恐将威胁其本就脆弱的生态环境。青藏高原是世界的第三极，孕育了多条亚洲的主要河流，这里是世界上最重要的生态系统之一，也对维持整个欧亚大陆的生态稳定发挥着关键作用，具有重要的战略意义。而且，藏东南水电能源基地的开发将面临一系列重大问题，如生态环境问题、国际河流问题、跨区调水问题、民族宗教问题和技术经济问题等，这些问题关系到藏东南水电基地开发的成败和综合效益发挥，必须给予足够重视，在切实妥善解决上述问题的基础上，积极、有序地开发藏东南水能资源。

参 考 文 献

［1］张建云．中国水文预报技术发展的回顾与思考［J］．水科学进展，2010，21（4）：435-443．

［2］张伟东．面向可持续发展的区域水资源优化配置理论及应用研究［D］．武汉：武汉大学，2004．

［3］黄剑锋．水轮机内部非定常湍流的数值模拟研究［D］．昆明：昆明理工大学，2012．

［4］余文宁．大型水轮发电机组状态监测与智能故障诊断系统研究［D］．长沙：中南大学，2007．

［5］熊浩．大型水轮发电机组状态监测与故障诊断技术的研究［D］．重庆：重庆大学，2001．

［6］滕军．对可变速抽水蓄能机组建设必要性和关键技术认识［C］．中国水力发电工程学会电气专业委员会2010年度电气学术交流会，南京，2010．

［7］何晓林．水泵水轮机内部流动及水力特性［D］．广州：华南理工大学，2012．

［8］项高明．考虑流固耦合作用水泵水轮机泵模式下压力脉动研究［D］．哈尔滨：哈尔滨工业大学，2015．

［9］裴哲义．水电厂水情自动测报系统和电网水调自动化系统的发展回顾与展望［J］．水电自动化与大坝监测，2010，36（10）：65-68．

［10］刘晓华．水情自动测报系统研究与应用［D］．西安：西安电子科技大学，2005．

［11］黄小锋．梯级水电站群联合优化调度及其自动化系统建设［D］．北京：华北电力大学，2010．

[12] 邹建国，芮钧，吴正义. 梯级水电站群优化调度控制研究及解决方案 [J]. 电力自动化设备，2007，27(10)：107-110.

[13] 谢维. 水电站群优化调度和运行规则的研究 [D]. 北京：华北电力大学，2012.

[14] 刘嘉佳. 电力市场环境下水电的优化调度和风险分析 [D]. 成都：四川大学，2007.

[15] 刘德民，姚李超. 超高水头抽水蓄能电站水泵水轮机水力特性研究 [C]. 中国水力发电工程学会电网调峰与抽水蓄能专业委员会 2015 年学术交流年会，深圳，2015.

[16] 梁章堂，胡斌超. 贯流式水轮机的应用与技术发展探讨 [J]. 中国农村水利水电，2005 (6)：89-93.

[17] 李仁年，侯华. 贯流式水轮机国内外研究现状及发展前景 [C]. 水电站机电技术研讨会，兰州，2010.

[18] 宫晶堃. 巨型混流式水轮发电机组关键技术新发展 [J]. 大电机技术，2009(4)：1-5.

[19] 袁达夫，邵建雄，刘景旺. 三峡工程巨型水轮发电机组技术进步 [J]. 人民长江，2015，46(19)：18-25.

[20] 邵建雄，陈冬波，刘景旺. 1000 MW 水轮发电机组创新研究思路探讨 [J]. 人民长江，2009，40(2)：13-16.

[21] 赵越，吕延光，黎辉，等. 近年来水轮机模型试验技术的发展 [J]. 大电机技术，2010 (1)：41-45.

[22] 韩冬，方红卫，严秉忠，等. 2013 年中国水电发展现状 [J]. 水力发电学报，2014，33 (5)：1-5.

[23] 陈云华，吴世勇，马光文. 水电发展形势与展望 [J]. 水力发电学报，2013，32(6)：1-10.

[24] 彭城，钱钢粮. 21 世纪中国水电发展前景展望 [J]. 水力发电，2006，32(2)：6-16.

[25] 王云，杜建一，祁志国，等. 漂浮式无坝水电站的研究与分析 [J]. 工程热物理学报，2004，25(4)：603-605.

[26] 萧雍才. 水能气动发电：一项水力发电新技术 [J]. 水利水电技术，1993(3)：60-63.

[27] 王济堂. 水下风帆式水力发电装置：一项水力发电新技术 [J]. 青海电力，1994(4)：11-13.

[28] 马锐，宫游，窦纯玉．冲击式水轮机设计的探讨和发展趋势［J］．大电机技术，2002（4）：49-52.

[29] 吴迪．冲击式水轮机设计的探讨和发展探究［J］．科技创新与应用，2013(19)：57.

[30] 罗静，韩俊，王春欢，等．冲击式水轮发电机转轮设计制造现状和发展趋势［J］．重庆科技学院学报，2010，12(3)：103-106.

[31] 陈小梅．风能与水能互补发电系统的研究［J］．能源与节能，2014(6)：69-71.

[32] 李露莹，吴万禄，沈丹涛．计及风、光、水能混合发电系统的建模与研究［J］．华东电力，2012，40(7)：1157-1160.

[33] 张仁贡．农村水能与太阳能混合发电系统的设计与应用［J］．农业工程学报，2012，28(14)：190-195.

[34] 张伟波，谭轩，袁玉琪，等．我国水电发展存在的主要问题及对策建议［J］．中国能源，2013，35(2)：18-20.

[35] 杨星，刘汉龙，余挺，等．高土石坝震害与抗震措施评述［J］．防灾减灾工程学报，2009，29(5)：583-589.

[36] 水利部农村水电及电气化发展局．中国小水电60年［M］．北京：中国水利水电出版社，2009.

[37] 乔海娟，张丛林，张军，等．推进我国小水电发展的思考［J］．淮海水利，2015(2)：35-37.

[38] 郑守仁．我国高坝大库建设及运行安全问题探讨［C］．水库大坝建设与管理中的技术进展：中国大坝协会2012学术年会，贵阳，2012.

[39] 张小明．水工隧洞衬砌结构的缺陷检测及稳定性分析［D］．成都：西南交通大学，2014.

[40] 邓声君，陆晓敏，黄晓阳．地下洞室围岩稳定性分析方法简述［J］．地质与勘探，2013，49(3)：541-547.

[41] 贺传仁．岩质高边坡稳定性分析及综合治理的研究［D］．长沙：中南大学，2013.

[42] 佘诗刚，林鹏．中国岩石工程若干进展与挑战［J］．岩石力学与工程学报，2014，33(3)：433-457.

[43] 何四平. 小湾水电站开挖有用料规划设计 [J]. 云南水力发电, 2007, 23(3)：57-60.

[44] 张华. 北京房山区黄院采石场松散堆积体生态修复技术研究 [D]. 北京：北京林业大学, 2013.

[45] 罗英杰. 路堑高边坡综合治理与工程应用 [D]. 长沙：湖南大学, 2005.

[46] 周创兵. 水电工程高陡边坡全生命周期安全控制研究综述 [J]. 岩石力学与工程学报, 2013, 32(6)：1081-1093.

[47] 黎卫超. 岩塞轮廓面控制爆破机理研究 [D]. 武汉：长江科学院, 2014.

[48] 朱婷婷. 数字矿山中的爆破辅助设计与仿真系统 [D]. 杭州：浙江大学, 2012.

[49] 刘美山. 特高陡边坡开挖爆破技术及其对边坡稳定性的影响 [D]. 合肥：中国科学技术大学, 2007.

[50] 苏超, 余天堂, 姜弘道. 基于有限单元法的高拱坝动力优化设计方法及其应用 [J]. 河海大学学报 (自然科学版), 2002(1)：1-5.

[51] 苏超. 巨型地下洞室群有限元计算的数字化建模 [J]. 水力发电, 2005(9)：25-26 +64.

[52] 刘春林, 邢光武, 陈飞. 大规模采石工程爆破施工技术 [J]. 爆破, 2011, 28(3)：50-51, 70.

[53] 何兵寿, 魏修成. 矿井地质雷达超前探测正演模拟 [J]. 煤田地质与勘探, 2000(5)：52-55.

[54] 何兵寿, 张会星. 地质雷达正演中的频散压制和吸收边界改进方法 [J]. 地质与勘探, 2000(3)：59-63.

[55] 何兵寿, 王磊. 矿井地质雷达正演中的两个理论问题 [J]. 中国煤田地质, 2000(1)：60-63.

[56] 肖明顺, 昌彦君, 曹中林, 等. 探地雷达数值模拟的吸收边界条件研究 [J]. 工程地球物理学报, 2008(3)：315-320.

[57] 刘四新, 蔡佳琪, 傅磊, 等. 利用探地雷达精确探测铁路路基含水率 [J]. 地球物理学进展, 2017, 32(2)：878-884.

[58] 刘四新, 冯彦谦, 傅磊, 等. 机载探地雷达的进展以及数值模拟 [J]. 地球物理学进

展，2012，27(2)：727-735.

[59] 刘四新，周俊峰，吴俊军，等．钻孔雷达探测金属矿的数值模拟 [C]．中国地球物理学会年会，合肥，2009.

[60] 詹应林，昌彦君，曹中林．基于UPML吸收边界的探地雷达数值模拟研究 [J]．资源环境与工程，2008(2)：235-238.

[61] 张小明．水工隧洞衬砌结构的缺陷检测及稳定性分析 [D]．成都：西南交通大学，2014.

[62] 李少杰．基于探地雷达系统地下管线探测及正演模拟计算 [D]．西安：西安科技大学，2020.

[63] 崔凡，陈毅，薛晗鹏，等．三角网格剖分时域有限元法的探地雷达正演模拟 [J]．地球物理学进展，2021：1-19.

[64] 潘磊．探地雷达数值模拟及在城市地下工程探测中的应用研究 [D]．合肥：安徽建筑大学，2021.

[65] 母永烨，李祥龙，冷智高，等．精细爆破技术在矿山的研究与应用 [J]．有色金属（矿山部分），2020，72(2)：13-18+88.

[66] 沈珠江，徐刚．堆石料的动力变形特性 [J]．水利水运科学研究，1996(2)：143-150.

[67] 高志军．饱和砂土弹塑性本构模型研究 [D]．北京：北方工业大学，2010.

[68] 李亮，赵成刚．基于SMP破坏准则的土体弹塑性动力本构模型 [J]．工程力学，2005(3)：139-143.

[69] 李亮，赵成刚．基于SMP破坏准则的饱和砂土弹塑性本构模型 [J]．应用力学学报，2004(4)：84-87+172.

[70] 谢定义，巫志辉，郭耀堂．极限平衡理论在饱和砂土动力失稳过程分析中的应用 [J]．土木工程学报，1981(4)：17-28.

[71] 谢定义，巫志辉，郭耀堂．饱和砂土动力失稳过程中极限平衡理论的应用 [J]．西北农林科技大学学报（自然科学版），1981(1)：1-14.

[72] 刘六宴，温丽萍．中国高坝大库统计分析 [J]．水利建设与管理，2016，36(9)：12-16+32.

[73] 江权，侯靖，冯夏庭，等．锦屏二级水电站地下厂房围岩局部不稳定问题的实时动态反馈分析与工程调控研究 [J]．岩石力学与工程学报，2008(9)：1899-1907．

[74] 胡斌，冯夏庭，黄小华，等．龙滩水电站左岸高边坡区初始地应力场反演回归分析 [J]．岩石力学与工程学报，2005(22)：4055-4064．

[75] 朱合华，张晨明，王建秀，等．龙山双连拱隧道动态位移反分析与预测 [J]．岩石力学与工程学报，2006(1)：67-73．

[76] 王国欣，谢雄耀，黄宏伟．公路隧道洞口滑坡的机制分析及监控预报 [J]．岩石力学与工程学报，2006(2)：268-274．

[77] 朱维申，杨为民，项吕，等．大型洞室边墙松弛劈裂区的室内和现场研究及反馈分析 [J]．岩石力学与工程学报，2011，30(7)：1310-1317．

[78] 常聚才，谢广祥．深部巷道围岩力学特征及其稳定性控制 [J]．煤炭学报，2009，34(7)：881-886．

[79] 冯夏庭，周辉，李邵军，等．复杂条件下岩石工程安全性的智能分析评估和时空预测系统 [J]．岩石力学与工程学报，2008(9)：1741-1756．

[80] 冯夏庭，江权，苏国韶．高应力下硬岩地下工程的稳定性智能分析与动态优化 [J]．岩石力学与工程学报，2008(7)：1341-1352．

[81] 冯夏庭，周辉，李邵军，等．岩石力学与工程综合集成智能反馈分析方法及应用 [J]．岩石力学与工程学报，2007(9)：1737-1744．

[82] 刘舍宁．国外光面和预裂爆破技术 [C]．2007 年铁路工程光面预裂爆破推广应用交流会，成都，2007．

[83] 张玉明．水库运行条件下马家沟滑坡-抗滑桩体系多场特征与演化机理研究 [D]．武汉：中国地质大学，2018．

[84] 戴俊，万元林，徐长磊．周边爆破造成围岩损伤的试验研究 [C]．第九届全国岩石动力学学术会议，宜昌，2005．

[85] 孙阳．基于多目标及贝叶斯理论的岩土工程反分析方法研究 [D]．武汉：武汉大学，2019．

[86] 杨会军，胡春林，谌文武，等．断层及其破碎带隧道信息化施工 [J]．岩石力学与工程

学报, 2004(22): 3917-3922.

[87] 何满潮, 张金凤, 衡朝阳, 等. 延边地区膨胀性软岩边坡临界参数研究 [J]. 辽宁工程技术大学学报, 2004(1): 55-56.

[88] 郑翔天. 基于边坡雷达的形变灾害特征提取方法研究 [D]. 北京: 中国矿业大学, 2019.

[89] 习小华. 分析影响隧道围岩稳定性因素 [J]. 西部探矿工程, 2003(5): 59-60.

[90] 邓超, 胡焕校, 张天乐, 等. 基于改进极限学习机模型的岩质边坡稳定性评价与参数反演 [J]. 中国地质灾害与防治学报, 2020, 31(3): 1-10.

[91] 刘迎曦, 吴立军, 韩国城. 边坡地层参数的优化反演 [J]. 岩土工程学报, 2001(3): 315-318.

[92] 王艳昆. 基于机器学习的滑坡位移区间预测与稳定性分析 [D]. 武汉: 中国地质大学, 2020.

[93] 崔玖江. 提高我国隧道与地下工程施工技术水平 [J]. 西部探矿工程, 2001(1): 3-7.

[94] 崔玖江. 隧道与地下工程施工技术现状及问题对策 [J]. 施工技术, 2001(1): 3-6.

[95] 邓建辉, 李焯芬, 葛修润. BP 网络和遗传算法在岩石边坡位移反分析中的应用 [J]. 岩石力学与工程学报, 2001(1): 1-5.

[96] 任青文, 余天堂. 边坡稳定的块体单元法分析 [J]. 岩石力学与工程学报, 2001(1): 20-24.

[97] 谢和平, 于广明, 杨伦, 等. 采动岩体分形裂隙网络研究 [J]. 岩石力学与工程学报, 1999(2): 29-33.

[98] 李彬峰, 潘国斌. 光面爆破和预裂爆破参数研究 [J]. 爆破, 1998(2): 14-18+48.

[99] 景诗庭. 地下结构可靠度分析研究之进展 [J]. 石家庄铁道学院学报, 1995(2): 13-19.

[100] 冯紫良. 地下洞室形状设计优化的一个方法 [J]. 岩土工程学报, 1993(3): 29-36.

[101] 凌伟明. 光面爆破和预裂爆破破裂机理的研究 [J]. 中国矿业大学学报, 1990(4): 82-90.

[102] 王建宇, 王锋. 隧道支护系统设计的模糊类比方法 [J]. 土木工程学报, 1990(4):

51-59.

［103］于学馥．轴变论与围岩变形破坏的基本规律 ［J］．铀矿冶，1982(1)：8-17+7.

［104］谷德振，黄鼎成．岩体结构的分类及其质量系数的确定 ［J］．水文地质工程地质，1979(2)：8-13.

［105］谷德振．从工程地质实践探讨地质力学的发展 ［J］．地质论评，1979(1)：39-42.